国家电网有限公司
STATE GRID
CORPORATION OF CHINA

2023 年版

U0261700

电网建设项目监理项目部

环境保护和水土保持标准化管理手册

变电工程分册

国家电网有限公司基建部　组编

中国电力出版社
CHINA ELECTRIC POWER PRESS

内 容 提 要

《电网建设项目监理项目部环境保护和水土保持标准化管理手册 变电工程分册（2023 年版）》是依据国家现行法律法规，以及行业、国家电网有限公司规程规范，并紧密结合公司基建最新通用制度和最新专业管理要求，在《国家电网有限公司监理项目部标准化管理手册（2021 年版）》基础上修编完成。

本手册主要包括监理项目部岗位设置与工作职责、环保水保管理两个方面的内容，适用于 220kV 及以上变电工程，220kV 以下变电工程可参照执行。

图书在版编目（CIP）数据

电网建设项目监理项目部环境保护和水土保持标准化管理手册. 变电工程分册：2023 年版 / 国家电网有限公司基建部组编. —北京：中国电力出版社，2023.12（2024.1 重印）

ISBN 978-7-5198-8377-5

Ⅰ. ①电… Ⅱ. ①国… Ⅲ. ①电网－电力工程－环境保护－标准化管理－中国－手册②电网－电力工程－水土保持－标准化管理－中国－手册 Ⅳ. ①X322-62②TM726-62

中国国家版本馆 CIP 数据核字（2023）第 231678 号

出版发行：中国电力出版社
地　　址：北京市东城区北京站西街 19 号（邮政编码 100005）
网　　址：http://www.cepp.sgcc.com.cn
责任编辑：匡　野（010-63412786）
责任校对：黄　蓓　常燕昆
装帧设计：赵丽媛
责任印制：石　雷

印　　刷：三河市百盛印装有限公司
版　　次：2023 年 12 月第一版
印　　次：2024 年 1 月北京第三次印刷
开　　本：787 毫米×1092 毫米　16 开本
印　　张：5.5
字　　数：120 千字
定　　价：53.00 元

《电网建设项目监理项目部环境保护和水土保持标准化管理手册 变电工程分册（2023年版）》

编 委 会

主　编　潘敬东

副主编　张　宁　刘冀邱　蔡敬东

委　员　袁　骏　李锡成　黄　勇　毛继兵　李　睿

黄常元　王　劲　罗　湘　汪美顺　马萧萧

陈豫朝

编审工作组

主要审查人员　闫国增　王俊峰　魏金祥　宗海迴

杨晓静　尚福瑞　李韶瑜　胡晓东

史玉柱　王　辉　赵素丽　刘　敏

和　刚　董向阳　商　彬　王　兴

贾少健　王华锋

主要编写人员　吴　凯　张　智　杨屹东　杨怀伟

孙海军　马卫华　郑树海　朱　岩

宋洪磊　张　慧　郑春雨　王福强

周振洲　林　晋　熊　雄　王　政

汪旭旭　郑晓斌　田　洁　刘杰锋

乔　平　贺　然　赵晓楠　陈海涛

张　翔　夏　伟　江　波

 # 编制说明

《电网建设项目监理项目部环境保护和水土保持标准化管理手册 变电工程分册（2023年版）》是依据国家现行法律法规，以及行业、国家电网有限公司（简称公司）规程规范，并紧密结合公司基建最新通用制度和最新专业管理要求，在《国家电网有限公司监理项目部标准化管理手册（2021年版）》基础上修编完成。本手册适用于220kV及以上变电工程，220kV以下变电工程可参照执行。

一、编制特点

本次手册修编体现了五个特点：一是强化专业管理，参考了《国家电网有限公司监理项目部标准化管理手册 变电工程分册（2021年版）》；二是总结了公司系统多年来监理项目部环境保护（以下简称环保）和水土保持（以下简称水保）的管理经验，将最新环保水保管理制度和专业管理要求落地；三是按照依法合规、强化落实、简洁高效原则，简化优化环保水保监理现场管控体系；四是突出监理项目部重点工作及主要管控节点、工作流程等有关内容，并统一了管理模板；五是尽量采取监理项目部标准化管理手册中的管理模板，保证管理模板的一致性。

二、主要内容

本手册主要包括以下两个方面内容：

（1）监理项目部岗位设置与工作职责。明确监理项目部环保水保岗位设置的定位与原则、人员配置标准要求、工作职责等内容。

（2）环保水保管理。明确监理项目部监理策划、文件审查、环保水保培训交底、参加设计交底及图纸会检，材料、构配件管理，环保水保过程检查，组织协调、问题处理，环保水保验收与总结。

1）管理工作内容与方法。明确监理项目部主要工作内容和基本方法。

2）管理流程。明确监理项目部环保水保管理的工作流程。

3）管理依据。主要列出监理项目部环保水保各项工作所依据的国家现行法律法规，以及行业、公司规程规范，公司基建通用制度；除本手册已列出的管理依据外，公司已经颁布和即将颁布的基建相关管理制度等，也作为监理项目部各项管理工作的依据。

附录A中收录环保水保管理相关的模板，新增水保项目划分一览表、水土保持质量评定记录、环保水保监理规划、监理细则、工作总结目录、环保水保监理月（季）报（模板代码JHS1～JHS7），为了不增加监理项目的工作量，除新增外，其他模板代码引用原变电监理项目部标准化管理手册的代码编号，有环保水保要求的在模板中增加相关内容说明。

附录B中是施工阶段环保水保监理工作要点。

附录 C 中是环保水保工艺标准。

管理模板代码的命名规则：JXM 代表监理项目管理变电模板，JHS 是本手册新增的环保水保管理变电模板。

目录

编制说明

1

岗位设置与工作职责

监理项目部环保水保岗位设置与工作职责主要内容包括组建原则、人员配置标准要求、工作职责等。

➡ 1.1 岗位设置

1.1.1 岗位设置要求

所有 220 千伏及以上输变电工程监理项目部应设置专（兼）环水保监理。监理合同签订后一个月内，成立监理项目部，并将监理项目部成立及总监理工程师的任命文件报送建设管理单位。监理项目部组建时，监理单位应根据监理合同中环境保护与水土保持相关规定，配备满足工程需要的环境和水保监理人员及各项设施。

1.1.2 人员配置标准要求

环境、水保监理工程师应由总监理工程师任命，人员的职责及分工以监理工作联系单（见附录 A 中 JXMX8）的形式通知业主项目部和施工项目部，环境、水保监理工程师应按照监理项目部关键人员进行管理。

环境、水保监理工程师应熟悉输变电工程环保水保专业知识，经过环境、水保监理相关培训，具备中级及以上职称和同类型工程一年以上环境、水保监理工作经验。征占地面积在 20 公顷以上或者挖填土石方总量在 20 万立方米以上的项目，水保监理工程师应当具有水土保持专业监理资格。

环境和水保监理工程师依据工程规模配置，具体岗位配置要求见表 1-1。

表 1-1　　　　变电工程监理项目部环境和水保监理工程师配置基本要求一览表

电压等级	1000kV（±800kV）及以上变电工程	750kV（±660kV）及以下变电工程
环境、水保监理工程师配置数量	1（专职）	1（可兼）

注　1000kV（±800kV）及以上变电工程环境保护、水土保持监理人员单独配置，750kV（±660kV）及以下变电工程环境保护、水土保持监理工作可由满足相应资格的监理人员承担。

➡ 1.2 工作职责

1.2.1 监理项目部工作职责

（1）建立健全环境、水保监理项目组织机构，严格执行工程管理制度，落实项目环保水保要求，落实岗位职责，确保监理项目部环保水保管理体系有效运作。

（2）对施工图进行预检，形成施工图预检记录表，在施工图会检前提交业主项目部，参加业主项目部组织的设计交底及施工图会检。

（3）复核设计文件与环评和水保方案及批复要求一致性，如发生重大变动（变更），应及时报建设管理单位。

（4）审查项目管理实施规划等施工策划文件中环保水保措施相关内容，编制监理工作策划文件，报业主项目部批准后实施。

（5）审查施工项目部编制的环保水保专项施工方案。

（6）对现场监理人员进行环保水保教育培训及交底。

（7）将环保水保措施相关内容纳入开工报审表及相关资料审查范围，具备开工条件的，报业主批准后，签发工程开工令。

（8）结合施工项目部编制的施工进度计划，督促施工单位落实环保水保措施"三同时"要求。

（9）定期检查施工现场，发现环保水保措施未落实或存在缺陷时，应下发《监理通知单》（见附录 A 中 JXM15）要求施工单位整改；情况严重的，应报业主项目部同意后下发《工程暂停令》（见附录 A 中 JXM11），要求施工单位暂停相关部位施工。

（10）组织进场材料、构配件的检查验收；通过见证、旁站、巡视、验收等手段，对环保水保措施实施有效控制。

（11）将环保设施（措施）质量评定纳入工程主体质量管理；对水保设施（措施）分部工程进行质量核定，对单元工程进行复核、评级，参与单位工程质量评定。

（12）参与环保专项验收和水保专项验收。

（13）按规定开展环保水保工程设计变更、现场签证、工程量管理。

（14）定期组织召开环保水保监理例会，参加与本工程环保水保有关的协调会。

（15）配合各级环保水保监督检查，督促施工项目部完成问题整改闭环。

（16）项目投运后，及时对环保水保监理工作进行总结。

1.2.2　环境水保监理工程师岗位职责

（1）贯彻执行国家、行业、地方相关环保水保标准、规程、规范及合同、设计要求。

（2）参与编制环境、水保监理规划专篇，负责编制环境、水保监理实施细则；审查施工单位提交的报审文件，提出审查意见，报总监理工程师审批。

（3）协助总监理工程师开展环保水保培训、交底和考试，检查施工项目部培训、交底及考试情况。

（4）指导、检查驻队监理开展现场环境、水保监理工作，定期向总监理工程师报告监理工作实施情况。

（5）督促驻队监理填写监理日志中环保水保相关内容，参与编写监理月（季）报，收集、汇总、参与整理环保水保监理文件资料。

（6）配合开展各级环保水保专项检查，提供环保水保过程管控资料，督促完成闭环整改。

（7）配合环境、水保验收工作，提供监理总结报告。

2 环保水保管理

环保水保管理的主要内容包括监理策划、文件审查、环保水保培训交底、参加设计交底及图纸会检，材料、构配件管理，环保水保过程检查，组织协调、问题处理，环保水保验收与总结等。

2.1 管理工作内容与方法

2.1.1 施工准备阶段

（1）监理策划。

1）依据设计文件、环评和水保方案及批复要求、《水保工程施工监理规范》（SL 523—2011）、《输变电工程水土保持监理规范》（Q/GDW 11970—2019）、《输变电工程环境监理规范》（Q/GDW 11444—2015）等，在《监理规划》中编制环保、水保专篇（见附录 A 中 JHS1 和 JHS4），并在第一次工地会议前，填写监理策划文件报审表，报业主项目部审批。

2）依据已批准的监理规划等，编制《环境监理实施细则》《水保监理实施细则》（见附录 A 中 JHS2 和 JHS5），报业主项目部审批。

（2）对工程建设区域开展实地勘查，采用照片、视频影像等方式记录变电站（换流站、开关站、串补站）原始地貌特征、土地利用及植被情况、水土流失现状。

（3）全面收集、分析主体工程设计资料及工程环保水保相关的技术资料，应在设计交底前充分熟悉环评和水保方案及批复要求，环保水保设计资料等。

（4）施工图审查。

1）组织环保、水保监理人员对施工图环保、水保内容进行预检，形成施工图预检记录表，在施工图会检前提交业主项目部。

2）参加业主项目部组织的设计交底及施工图会检，针对环保、水保方面存在的问题，提出意见及建议。

3）环保设计（监理合同包含设计阶段）审查内容主要包括但不限于：

a．建设地点审核。应审核项目建设地点与环评及批复要求的一致性。

b．变电工程内容审核。应审核站区用地红线面积、总平面布置、电力设备规模及数量、进出线路数目及位置、变电站征占地面积、开挖填筑土石方总量、临时施工道路长度、弃渣场位置、数量及弃渣量等与环评及批复要求的一致性。

c．站址周边环保目标复核和水土流失敏感区审核。应复核站区周边环保目标、水土流失重点防治区及重点治理区与环评及批复要求的一致性。

d．环保措施（设施）审核。应审核站区雨污管网分流、生活污水处理及回用设施；主噪声设备选型及隔声、减振、吸声、场界隔声措施；事故油池（坑）；排水沟、护坡、挡土墙、植被恢复措施等污染防治及生态保护措施与环评及批复要求的一致性。

4）水保设计（监理合同包含设计阶段）审查内容主要包括但不限于：

a. 站区护坡措施和植物措施及工程量在设计中的落实及变化情况。

b. 站区截排水措施及工程量在设计中的落实及变化情况。

c. 站区表土剥离与回覆、草皮剥离与回铺、土地整治等水土保持措施及工程量在设计中的落实及变化情况。

d. 水土保持临时防护措施在设计中的落实及变化情况。

（5）培训及交底。

1）参加业主项目部组织的开工前环保水保培训交底工作。

2）对监理项目部人员进行培训和交底。

3）参加业主项目部组织的第一次工地例会，进行环保水保监理交底。

4）工程开工及施工作业前，对施工项目部的环保水保培训交底情况进行核查。

（6）审查项目管理实施规划、环保水保专项施工方案，填写文件审查记录表（见附录A中JXM3）。文件审查的内容及关键点包括：

1）施工现场总平面布置审核应重点关注其环境合理性，从周边地形对施工废水导流的影响、主导风向对施工扬尘的影响、施工现场植被类型及生物量分布、周边敏感目标与作业机械的距离等方面进行审核。

2）施工扬尘控制措施：开挖面洒水降尘措施、粉状物料苫盖措施、施工车辆降尘管控措施等。

3）施工废水治理措施：施工泥浆、机械冲洗废水、场地冲洗废水、施工人员生活污水等废（污）水的收集与处理措施，饮用水源保护区等地表水体的径流拦截处理措施等。

4）施工噪声治理措施：高噪声机械作业区施工围挡布置情况、施工区总平布置优化降噪措施、施工时序优化降噪措施、优化施工车辆降噪管控措施等。

5）施工固废治理措施：施工区建筑垃圾、生活垃圾等固体废弃物的收集与储运措施等。

6）施工生态保护措施：植被就地及异地保护措施，野生动物分布区域警示措施，生态敏感区的专项保护措施等，表土剥离措施、临时堆场环保措施等。

7）水保措施：施工影响范围内对应表土剥离、草皮剥离、土地整治、植被恢复、密目网苫盖、碎石压盖、截洪沟、排水沟、浆砌石护坡等措施。

8）环境生态敏感区与水土流失敏感区保护措施：应审核污染防治、生态保护、施工平面布置、施工要求等是否满足设计文件、环评和水保方案及批复等要求。

9）施工进度安排是否符合"三同时"要求。

（7）协助业主项目部依据《输变电工程水土保持监理规范》对工程水保项目进行项目划分（见附录A中JHS1），用于工程质量验评。

（8）标准化开工。

1）开工许可齐备：已签订监理合同，对施工合同的环保水保条款及其他开工条件进行审查。

2）组织体系健全：环保水保管理组织机构健全，管理人员全部到岗到位。

3）制度体系健全：环保水保管理制度已齐全，环保水保策划内容已通过审查。

4）设计图纸交付：环保水保专项设计交底和图纸会检完成。

5）施工准备完成：环保水保专项施工方案通过审查；完成施工单位环保水保相关的人员、材料、施工设备等的审查；施工作业队伍完成备案。

6）交底、培训落实：主要管理人员经过公司、项目部组织的环保水保专项交底、培训并考试合格；全部施工作业人员经过进场前的环保水保交底、培训并考核合格。

2.1.2 施工阶段

（1）对施工项目部环保水保相关的人员、施工方法和施工环境进行监督检查，强化施工过程质量控制和措施的落实。督促施工项目部加强分包管理，落实环保水保设施（措施）要求。

（2）通过日常巡查、定期检查、专项检查等方式督促现场严格执行落实环保水保措施；工程环保水保管理工作应与主体工程管理同步，监理项目部按要求落实相关工作，形成相应档案资料。

（3）通过巡视、见证、旁站、平行检验等方式，对环保水保设施（措施）建设的质量、进度和投资进行控制并提出监理意见；检查环保水保设施（措施）施工记录文件。发现施工存在质量问题的，或施工单位采用不适当的施工工艺，应签发监理通知单（见附录 A 中 JXMX15），督促施工单位整改，施工单位整改后应以监理通知回复单（见附录 A 中 JXMX16）形式回复整改情况。

（4）配合环保水保监测、行政监督检查等，按要求完成相关问题的整改闭环工作。

（5）施工阶段环境监理工作要点见附录 B 附件 1。

（6）施工阶段水保监理工作要点见附录 B 附件 2。

（7）严格审核现场土方处理、临时占地使用情况，并配合业主项目部做好相关签证管理。

（8）按时编制环保水保监理月（季）报或在监理月（季）报中编制环保水保专篇（见附录 A 中 JHS7）。

（9）变更及签证管理：

1）审查工程变更建议或签证申请，统一编号后报业主项目部。

2）受托组织或参加对设计变更（现场签证）的审查，并提出相关意见。

3）设计变更（现场签证）涉及的工程量全部完成，并经监理项目部验收合格后，签署施工项目部提交的设计变更（现场签证）执行报验单。

（10）当发生环保水保事件时，总监理工程师应及时签发《工程暂停令》（见附录 A 中 JXM11），要求施工项目部立即暂停相关施工，采取有效措施消除事件影响，并配合事件调查。整改完毕，经环境、水保监理人员验收合格，并报业主项目部同意后，总监理工程师方可签署《工程复工令》（见附录 A 中 JXM7）。

（11）对施工单位分部工程、单位工程自评定情况进行复核，在分部工程验收签证和单位工程验收鉴定书上签署确认。

（12）根据《输变电工程环境监理规范》（Q/GDW 11444—2015）和《输变电工程水土保持监理规范》（Q/GDW 11970—2019）及监理合同规定，开展施工阶段环保水保信息档案管理工作，信息档案管理内容主要包括：文件收发、整理、保管、存档，数码照片采集，施工资料收集、整理和归档，监理资料收集、整理和归档等。监理服务期满后，应对资料档案逐项清点、整编、组卷，并移交建设管理单位。

（13）督促施工单位按照环保水保工艺标准，落实环保水保措施要求，环保、水保工艺标准见附录C。

变电工程主要分为四个阶段，分别是四通一平阶段、土建施工阶段、电气安装阶段、调试阶段。各阶段应执行"通用关键工艺措施"。其中，同类多种设施（措施），依据实际情况选择一种或同时使用多种设施（措施）。

通用关键工艺措施如下：

施工材料运输：施工车辆清洗（见附录C中第1.1.4项）

全封闭运输车辆（见附录C中第1.1.5项）

施工器具堆放：棕垫隔离（见附录C中第1.6.2项）

彩条布铺垫与隔离（见附录C中第1.6.3项）

钢板铺垫（见附录C中第1.6.4项）

施工过程阶段：施工噪声控制（见附录C中第1.3.1项）

施工结束阶段：建筑垃圾清运（见附录C中第1.4.1项）

废料和包装物回收与利用（见附录C中第1.4.2项）

临时停工时，应当对工器具、材料集中堆放，做好"临时苫盖（见附录C中第2.2.3项）"措施。

1）四通一平阶段。

四通一平阶段，主要涉及"临时道路（永久道路）""围挡（围墙）""施工生产及设备堆放区""生活区、施工力能引接（施工水源、电源、通信）"等工作内容。该阶段施工扰动、土地整治、植被恢复最为活跃，对于环保水保专项验收、措施的落实极为关键，涉及较多的环保水保措施。

该阶段工作内容执行"通用关键工艺措施"和"四通一平阶段关键工艺措施"。特殊区域关键工艺设施（措施），在对应情形下执行相应措施。

四通一平阶段关键工艺措施如下：

施工阶段：施工限界（见附录C中第1.6.1项）

表土剥离、保护（见附录C中第2.1.1项）

表土铺垫保护（见附录C中第2.1.3项）

填土编织袋（植生袋）拦挡（见附录C中第2.2.2项）

草皮剥离、养护（见附录C中第2.1.4项）

洒水抑尘（见附录C中第1.1.1项）

雾炮机抑尘（见附录C中第1.1.2项）

密目网苫盖抑尘（见附录C中第1.1.3项）

永临结合工程措施（见附录C中第1.7项）

临时排水沟（见附录C中第2.2.1项）

临时苫盖（见附录C中第2.2.3项）

余土综合利用

迹地恢复（见附录C中第1.6.5项）

全面整地（见附录C中第2.5.1项）

表土回覆（见附录C中第2.1.2项）

植被恢复阶段：造林（种草）整地（见附录C中第2.8.1项）

草皮回铺（见附录C中第2.1.4项）

造林（见附录C中第2.8.2项）

种草（见附录C中第2.8.3项）

抚育

特殊区域关键工艺设施（措施）：

临时设施（措施）：临时水冲式厕所（见附录C中第1.2.2项）

临时化粪池（见附录C中第1.2.3项）

隔油池（见附录C中第1.2.4项）

生活污水处理装置（见附录C中第1.2.5项）

施工场地垃圾箱（见附录C中第1.4.3项）

风沙区适用设施：工程固沙（见附录C中第2.6.1项）

植物固沙（见附录C中第2.6.2项）

噪声敏感区设施：加高围墙（见附录C中第1.3.4项）

声屏障（见附录C中第1.3.5项）

吸音墙（见附录C中第1.3.6项）

2）土建施工阶段。

土建施工阶段，主要由土石方工程、地基工程、基础工程、主体结构工程、屋面和地面工程、装饰装修工程、室外工程、建筑安装工程等内容组成。

a．土石方工程。

土石方工程，主要涉及"基坑与沟槽开挖""土石方回填与压实""挡土灌注桩排桩支护""重力式水泥土墙""土钉墙支护"等工作内容，执行"通用关键工艺措施"和"土石方工程关键工艺措施"。

土石方工程关键工艺措施如下：

施工阶段：施工限界（见附录C中第1.6.1项）

填土编织袋（植生袋）拦挡（见附录C中第2.2.2项）

洒水抑尘（见附录C中第1.1.1项）

雾炮机抑尘（见附录C中第1.1.2项）

密目网苫盖抑尘（见附录C中第1.1.3项）

泥浆沉淀池（见附录C中第1.2.1项）

临时排水沟（见附录C中第2.2.1项）

临时苫盖（见附录C中第2.2.3项）

余土综合利用

对于"锚杆挡墙""岩石锚喷支护""重力式挡墙""悬臂式、扶壁式挡墙""节坡面防护与绿化"等工作内容，既属于工程本体建设又属于环保水保设施（措施），施工阶段执行"通用关键工艺措施"和"土石方工程关键工艺措施"，最终根据实际情况选择一种或同时使用多种"施工生态设施"。

施工生态设施：雨水排水管线（见附录 C 中第 2.4.1 项）

生态截排水沟（见附录 C 中第 2.4.4 项）

植物骨架护坡（见附录 C 中第 2.3.1 项）

生态袋绿化边坡（见附录 C 中第 2.3.2 项）

植草砖护坡（见附录 C 中第 2.3.3 项）

客土喷播绿化护坡（见附录 C 中第 2.3.4 项）

对于"集水明排""轻型井点降水""喷射井点降水""管井井点降水""井点回灌"等工作内容，执行"通用关键工艺措施"。

b．地基工程。

地基工程，主要涉及"灰土地基""砂和砂石地基""粉煤灰地基""强夯地基""注浆地基""堆载预压地基""真空预压地基""土工合成材料地基""砂石桩复合地基""水泥土搅拌桩复合地基""高压喷射注浆复合地基""粉体喷射注浆复合地基""灰土挤密桩复合地基""水泥土桩复合地基""水泥粉煤灰碎石桩复合地基""局部特殊地基处理"等工作内容，执行"通用关键工艺措施"和"地基工程关键工艺措施"。

本阶段需要特别注意"泥浆沉淀池"措施的使用，确保泥浆妥善处理。

地基工程关键工艺措施如下：

施工余土堆放：填土编织袋（植生袋）拦挡（见附录 C 中第 2.2.2 项）

施工阶段：密目网苫盖抑尘（见附录 C 中第 1.1.3 项）

泥浆沉淀池（见附录 C 中第 1.2.1 项）

临时苫盖（见附录 C 中第 2.2.3 项）

c．基础工程。

基础工程，主要涉及"钢筋混凝土预制桩""预力管桩""钢桩""回转钻成孔灌注桩""冲击成孔灌注桩""潜水钻成孔灌注桩""多盘桩灌注桩""沉管灌注桩""套管夯扩灌注桩""载体夯扩灌注桩""长螺旋钻孔压灌桩""人工挖孔灌注桩""岩石锚杆基础施工""特殊土地基基础""沉井""大体积混凝土施工""钢筋混凝土扩展基础""筏形基础"等工作内容，执行"通用关键工艺措施"和"基础工程关键工艺措施"。

本阶段需要特别注意"泥浆沉淀池"措施的使用，确保泥浆妥善处理。

基础工程关键工艺措施如下：

施工阶段：洒水抑尘（见附录 C 中第 1.1.1 项）

雾炮机抑尘（见附录 C 中第 1.1.2 项）

密目网苫盖抑尘（见附录 C 中第 1.1.3 项）

泥浆沉淀池（见附录 C 中第 1.2.1 项）

临时苫盖（见附录 C 中第 2.2.3 项）

d. 主体结构工程。

主体结构工程，主要涉及"砌体结构""砌体填充墙""结构模板""永久性模板""混凝土浇筑与养护"等工作内容，执行"通用关键工艺措施"和"主体结构工程关键工艺措施"。

主体结构工程关键工艺措施如下：

施工阶段：洒水抑尘（见附录 C 中第 1.1.1 项）

临时苫盖（见附录 C 中第 2.2.3 项）

对于"钢筋加工与安装""钢筋闪光对焊""钢筋电渣压力焊""钢筋机械连接""施工缝留设及处理""钢结构焊接（角焊缝）""钢结构焊接（坡口焊缝）""钢结构焊接（塞焊）""栓钉焊接连接""普通螺栓连接""高强度螺栓连接""钢结构安装""防腐涂料喷涂""防火涂料喷涂""地下结构防水""地下结构穿墙管""地下结构预埋件""地下结构变形缝"等工作内容，执行"通用关键工艺措施"。

e. 屋面和地面工程。

屋面和地面工程，主要涉及"基层""卷材防水""涂膜防水""屋面排气""屋面保温""保护层""细部构造""瓦屋面""金属板屋面""玻璃顶屋面""地面基层""自流平面层""涂料面层""塑胶面层""砖面层""花岗岩面层""活动地板""散水""台阶""坡道""雨篷"等工作内容，执行"通用关键工艺措施"。

f. 装饰装修工程。

装饰装修工程，主要涉及"金属窗""铝合金窗""木门""钢板门""防火门""玻璃门""防火卷帘门""轻质骨架隔墙""矿棉板吊顶""铝板吊顶""石膏板吊顶""变形缝""一体化外墙保温板""墙面抹灰""涂饰工程""外墙饰面砖""内墙饰面砖""干粘石墙面""人造石材窗台""上人屋面钢爬梯""楼梯饰面""楼梯栏杆""细部工程护栏和扶手"等工作内容，执行"通用关键工艺措施"。

g. 室外工程。

室外工程，主要涉及"构支架吊装""构支架、设备基础""大门""混凝土道路""沥青道路""连锁块道路""混凝土广场""防滑面砖广场""砖砌电缆沟""现浇混凝土电缆沟""消防给水"等工作内容，执行"通用关键工艺措施"。

对于"混凝土框架清水砌体防火墙""现浇混凝土防火墙""砂浆饰面防火墙""干粘石饰面防火墙""装配式钢结构防火墙""干粘石围墙""装配式围墙""隔声屏障""透水砖广场""碎石场地""砌筑式雨水井、检查井""装式雨水井、检查井"既属于工程本体建设又属于环保水保设施（措施），施工阶段执行"通用关键工艺措施"和"噪声敏感区设施"，最终根据实际情况选择一种或同时使用多种噪声敏感区设施。

噪声敏感区设施：隔声罩（见附录 C 中第 1.3.3 项）

加高围墙（见附录 C 中第 1.3.4 项）

声屏障（见附录 C 中第 1.3.5 项）

吸音墙（见附录 C 中第 1.3.6 项）

该阶段属于站内土石方等施工内容的收尾阶段，对于变电站（换流站）内不适用"碎石覆盖（见附录 C 中第 2.7.3 项）"措施而使用植被措施的项目，还应执行"室外工程关键工艺措施"。

室外工程关键工艺措施如下：

施工阶段：全面整地（见附录 C 中第 2.5.1 项）

　　　　　表土回覆（见附录 C 中第 2.1.2 项）

植被恢复阶段：造林（种草）整地（见附录 C 中第 2.8.1 项）

　　　　　　　草皮回铺（见附录 C 中第 2.1.4 项）

　　　　　　　造林（见附录 C 中第 2.8.2 项）

　　　　　　　种草（见附录 C 中第 2.8.3 项）

　　　　　　　抚育

h．建筑安装工程。

建筑安装工程，主要涉及"开关""插座""配电箱""灯具""线槽""导管""建筑物防雷接地""屋顶风机""墙体轴流风机""通风百叶窗""建筑空调""建筑采暖""给水管道""排水管道""雨水管""地漏""卫生器具""给水设备""室内消火栓"等工作内容，执行"通用关键工艺措施"。

3）电气安装阶段。

电气安装阶段，主要涉及"主变压器系统设备安装""站用变压器及交流系统设备安装""配电装置安装""全站防雷及接地装置安装""主控及直流设备安装""全站电缆施工""通信系统设备安装""视频监控及火灾报警系统""智能变电站设备安装""换流站设备安装"等工作内容，执行"通用关键工艺措施"。

其中，对于声环境敏感区的项目，在设备选取时应当按照"低噪声设备（见附录 C 中第 1.3.2 项）"设施要求，选择相应设备。

4）调试阶段。

本阶段，执行"通用关键工艺措施"。

2.1.3 典型问题整治

（1）扰动面积增加。

问题描述：由于施工准备期未合理规划场地布置或施工过程未严格执行限界措施，因施工材料及工器具等随意堆放、土石方不规范处理、随意开辟施工便道等原因造成临时占地范围显著扩大的。

整改措施：及时办理用地手续，严格执行限界施工；规范施工材料、工器具堆放位置；对于不能平衡的余土，采取综合利用；对扩大的扰动区域进行迹地清理、土地整治和植被恢复。

（2）垃圾遗留、污水处理不规范。

问题描述：在施工过程中产生的生活垃圾、建材包装物及废弃砂、石、水泥、混凝土、渣土等遗弃在施工现场，生产生活区产生的污水，未及时清理。

整改措施：严格执行建筑垃圾清运措施，按照当地规定运输时段及时运输清运，夜间运输按当地要求办理相关手续；生活污水经过统一收集妥善处理。

2.1.4 验收阶段

（1）督促施工项目部开展施工质量自检，在施工自检合格基础上，随主体工程同步开展环保水保设施（措施）监理验收工作，对相关设施建设和措施落实情况进行全面检查，提出监理意见，并在整改完成后编制监理报告。

（2）将环保设施（措施）质量评定纳入工程主体质量管理，贯穿工程全过程。

（3）督促施工项目部对全部水保设施（措施）分部工程进行自评，对单元工程质量进行自查；对分部工程进行质量核定，对单元工程进行复核、评级；参与单位工程质量评定；形成水土保持质量评定记录。

（4）参加竣工预验收、启动验收、竣工环保验收和水保设施验收，负责对验收、检查发现的问题进行复查，督促整改闭环。

（5）环保验收存在下列情况之一的，不得提出验收合格的意见：

1）涉及重大变动但未落实变动环评批复文件的；

2）进入生态保护红线范围及自然保护区、风景名胜区、世界文化和自然遗产地、饮用水水源保护区、海洋特别保护区等环境敏感区的，生态保护措施未落实到位，相关手续不完备的；

3）变电站（换流站）污水处理、废（事故）油收集、噪声控制等环保设施未建成的；

4）临时占地等相关迹地恢复工作未按要求完成的；

5）环评报告及其批复文件提出的其他环保措施未落实的；

6）变电站（换流站）厂界噪声、外排废水监测超标的，变电站（换流站）涉及的电磁和声环境敏感目标监测超标的；

7）验收调查报告的基础资料数据明显不实，内容存在重大缺项、遗漏等不符合相关技术规范的；

8）违反环保法律法规受到处罚，被责令改正，尚未改正完成的，或存在其他不符合环保法律法规等情形的。

（6）水保验收存在下列情况之一的，不得提出验收合格的意见：

1）未依法依规履行水土保持方案及重大变更的编报审批程序的；

2）未依法依规开展水土保持监测或补充开展的水土保持监测不符合规定的；

3）未依法依规开展水土保持监理工作的；

4）废弃土石渣未堆放在经批准的水土保持方案确定的专门存放地的；

5）水土保持措施体系、等级和标准未按经批准的水土保持方案要求落实的；

6）重要防护对象无安全稳定结论或结论为不稳定的；

7）水土保持分部工程和单位工程未经验收或验收不合格的；

8）水土保持监测总结报告、监理总结报告等材料弄虚作假或存在重大技术问题的；

9）未依法依规缴纳水土保持补偿费的。

2.1.5 总结评价

（1）工程投运后，组织编制《监理工作总结》中环境监理工作总结、水保监理工作总结专篇（见附录 A 中 JHS3 和 JHS6），并按时提交归档。

（2）接受业主项目部的综合评价。

→ 2.2 管理流程

环保水保管理工作流程见图 2-1。

图 2-1 环保水保监理工作流程

2.3 管理依据

环保水保主要管理依据见表 2-1。

表 2-1　　　　　　　　　　　　　环保水保主要管理依据

依据类别	主要管理依据
环保水保法律、法规及规章	《中华人民共和国水土保持法》主席令第 49 号（2010 年修订版） 《中华人民共和国环境保护法》主席令第 22 号（2014 年修订版） 《中华人民共和国环境影响评价法》主席令第 77 号（2018 年修订版） 《中华人民共和国水土保持法实施条例》国务院 588 号（2011 修订） 《建设项目环境保护管理条例》国务院令第 253 号（2017 年修订版） 《建设项目环境影响评价分类管理名录》中华人民共和国生态环境部令第 16 号（2021 修订版） 《水利部关于加强事中事后监管规范生产建设项目水土保持设施自主验收的通知》（水保〔2017〕365 号） 《水利部办公厅关于印发生产建设项目水土保持设施自主验收规程（试行）的通知》（办水保〔2018〕133 号） 《水利部办公厅关于印发生产建设项目水土保持监督管理办法的通知》（办水保〔2019〕172 号） 《水利部关于进一步深化"放管服"改革全面加强水土保持监管的意见》（水保〔2019〕160 号） 《水利部关于下放部分生产建设项目水土保持方案审批和水土保持设施验收审批权限的通知》（水保〔2016〕30 号） 《生产建设项目水土保持方案管理办法》水利部令第 53 号（2023 年版）
环保水保技术标准、规程、规范、管理办法	《声环境质量标准》（GB 3096—2008） 《地表水环境质量标准》（GB 3838—2002） 《环境空气质量标准》（GB 3095—2012） 《污水综合排放标准》（GB 8978—1996） 《建筑施工场界环境噪声排放标准》（GB 12523—2011） 《大气污染物综合排放标准》（GB 16297—1996） 《生产建设项目水土保持技术标准》（GB 50433—2018） 《生产建设项目水土保持监测与评价标准》（GB/T 51240—2018） 《生产建设项目水土流失防治标准》（GB/T 50434—2018） 《开发建设项目水土保持设施验收技术规程》（GB/T 22490—2008） 《电力环境保护技术监督导则》（DL/T 1050—2016） 《输变电工程环境监理规范》（DL/T 2272—2021） 《水保工程施工监理规范》（SL 521—2011） 《输变电项目水保技术规范》（SL 640—2013） 《水土保持工程质量评定规程》（SL 336—2006） 《开发建设项目水土保持设施验收技术规程》（SL 387—2007） 《输变电建设项目环境保护技术要求》（HJ 1113—2020） 《建设项目竣工环境保护验收技术规范》（HJ 705—2020） 《输变电工程环境监理规范》（Q/GDW 11444—2015） 《输变电工程水保监理规范》（Q/GDW 11970—2019） 《生态脆弱区输变电工程环境保护设计导则》（Q/GDW 11972—2019） 《生态脆弱区输变电工程施工环保导则》（Q/GDW 11973—2019）

依据类别	主要管理依据
	《110kV～750kV 变电站环保设计技术规范》（Q/GDW 11974—2019） 《国家电网有限公司环境保护管理办法》《国家电网有限公司电网建设项目竣工环境保护验收管理办法》（国家电网企管〔2019〕429 号） 《国家电网有限公司建设项目水土保持管理办法》[国网（科/3）643-2019] 《国家电网有限公司建设项目水土保持设施验收管理办法》[国网（科/3）970-2019]

附录 A

标准化管理模板

A.1 项目管理部分

JXM1：项目管理关键人员变更申请

监理项目部项目管理关键人员变更申请表

致_____（建设管理单位）： 　　因_____，免去_____同志_____ 工程_____职务，由_____同志担任。 敬请批准。 附件：1、人员资格证书 　　　2、人员工作经历   监理单位（章） 日　期：_____年___月___日
建设管理单位审批意见：   <div align="right">建设管理单位（章） 项目负责人：_____ 建设部门主任：_____ 日　期：_____年___月___日</div>

JXM2：工程开工令

工 程 开 工 令

工程名称：   编号：

致：＿＿＿＿＿＿＿＿＿（施工项目部）

经审查，本工程已具备施工合同约定的开工条件，现同意你方开始施工，开工日期为：＿＿＿年＿＿＿月 ＿＿＿日。

附件：开工报审表

监理项目部（章）

总监理工程师：＿＿＿＿＿＿＿＿

日　期：＿＿＿＿＿年＿＿月＿＿日

注　本表一式＿＿＿份，由监理项目部填写，业主项目部、施工项目部各存一份，监理项目部存＿＿＿份。

JXM3：文件审查记录表

文 件 审 查 记 录 表

工程名称： 编号：

<table>
<tr>
<td>文件名称</td>
<td>（写文件全称）</td>
</tr>
<tr>
<td>送审单位</td>
<td>（文件编制单位）</td>
</tr>
</table>

序号	监理项目部审查意见	施工项目部反馈意见

总监理工程师：_____ 项目经理：_____
日　期：_____年___月___日 日　期：_____年___月___日

监理复查意见	总监理工程师：_____ 日　期：_____年___月___日

注 1. 施工项目部按监理审查意见逐条回复，采纳监理意见应说明具体修改部位，不采纳时应说明原因。
　 2. 本表一式两份，监理、施工项目部各存1份。

JXM7：工程复工令

工 程 复 工 令

工程名称：   编号：

致：＿＿＿＿＿＿＿＿（施工项目部） 　　我方发出的编号为＿＿＿＿＿＿＿《工程暂停令》，要求暂停施工的＿＿＿＿＿＿＿部分（工序），经查已具备复工条件。经业主项目部同意，现通知你方于＿＿年＿＿月＿＿日＿＿时起恢复施工。 　　附件：证明文件资料   　　　　　　　　　　　　　　　　　　　　　　　　　监理项目部（章） 　　　　　　　　　　　　　　　　　　　　　　　　　总监理工程师：＿＿＿＿＿＿＿ 　　　　　　　　　　　　　　　　　　　　　　　　　日　期：＿＿＿＿年＿＿月＿＿日

JXM8：监理工作联系单

监 理 工 作 联 系 单

工程名称：　　　　　　　　　　　　　　　　　　　　　编号：

致：
事由
内容
<div align="right">监理项目部（章） 总/专业监理工程师：＿＿＿＿＿＿＿＿ 日　　期：＿＿＿＿年＿＿月＿＿日</div>

签收：
<div align="right">签收人： 日　　期：＿＿＿＿年＿＿月＿＿日</div>

注　本表一式＿＿＿份，由监理项目部填写，业主项目部、施工项目部各存一份，监理项目部存＿＿＿份。

JXM11：工程暂停令

工 程 暂 停 令

工程名称：   编号：

致_____（施工项目部）：
由于_____原因，现通知你方必须于___年___月___日___时起，对本工程的_____部位（工序）实施暂停施工，并按下述要求做好各项工作。
要求：   监理项目部（章） 总监理工程师：_____ 日　期：_____年___月___日

注　本表一式____份，由监理项目部填写，业主项目部、施工项目部各存一份，监理项目部存____份。

JXM15：监理通知单

监 理 通 知 单

工程名称：   编号：

致：	
事由	
内容	

监理项目部（章）

总/监理工程师：＿＿＿＿＿＿

日　期：＿＿＿＿年＿＿月＿＿日

注　1. 本表一式＿＿份，由监理项目部填写，业主项目部、施工项目部各存一份，监理项目部存＿份。

    2. 问题照片及描述作为本通知单附件。

    3. 监理工程师包括项目安全总监、专业监理工程师、安全监理工程师和造价监理工程师等。

JXM16：监理通知回复单

监 理 通 知 回 复 单

工程名称：   编号：

致_____监理项目部： 　　我方接到编号为_____的监理通知单后，已按要求完成了_____工作，现报上，请予以复查。 　　详细内容：   施工项目部（章）： 项目经理： 日　期：
监理项目部复查意见：   监理项目部（章）： 总/监理工程师： 日　期：

注　1. 本表一式____份，由施工项目部填报，业主项目部、监理项目部各一份，施工项目部存____份。
　　2. 问题照片及描述与整改照片及描述作为本回复单附件。
　　3. 监理工程师包括项目安全总监、专业监理工程师、安全监理工程师和造价监理工程师等。
　　4. 由签发监理通知单的人员复查后签名。

A.2 环保水保管理部分

JHS1：环境监理规划

环 境 监 理 规 划

1 总则

介绍环境监理工作由来、工作目的、工作依据等。工作目的包括完善环境管理、服务建设单位两方面，工作依据包括国家及地方颁发的与工程有关的环保法律法规、标准、环境影响评价文件及批复、工程有关设计资料等。

2 建设项目概况

介绍拟建项目主要工程内容及规模，包括项目组成、地理位置、变电站设置、施工方案、工程特性及投资等，工程规模及内容调整情况，周边环保目标调整情况。

3 环境监理工作目标和范围

介绍环境监理工作预计达到的目标；结合具体的输变电工程特点，介绍环境监理工作的地理范围及时间范围。

4 环境监理工作程序

据输变电工程建设特点，介绍环境监理总体工作程序。

5 环境监理工作内容

根据工程特点、环境影响评价文件及批复，按照时间顺序简要说明环境监理工作内容。例如施工准备阶段为设计复核、施工单位合同条款审核、施工组织设计审核等工作。

6 环境监理工作方法及措施

结合工程特点及建设单位要求，确定采取的环境监理工作方法与措施。

7 环境监理内容

根据工程特点、环境影响评价文件及批复要求，介绍工程各阶段环境监理内容及监理要求。

8 环境监理组织机构及人员配备

根据具体工程特点及地区管理规定，明确采取的环境监理组织机构形式，确定环境监理工作参与 人员，说明各自职责。

9 环境监理设施、设备

根据建设单位要求和工作需要，明确在项目环境监理工作中应配备的专业仪器设施、设备。

10 监理成果

介绍环境监理涉及的工作成果。

JHS2：环境监理实施细则

环境监理实施细则

1 总则

结合工程施工及环境特点，详细说明工程建设内容及规模、环境污染工序及可能产生的环境影响、敏感目标分布情况等。

2 环境监理工作流程

按照工程施工特点，分阶段介绍环境监理工作流程。

3 环境监理工作目标和范围

详细说明预计达到的目标，目标应尽可能细化，包括废水、扬尘及施工噪声防治措施落实目标，各类生态保护措施落实目标，污染因子达标排放目标，周边地表水、环境空气、声环境质量达标目标等细化明确涉及生态敏感区工程监理工作范围，包括准确的现场工作范围以及各参建单位的工作界面。

4 环境监理人员岗位职责

介绍环境监理机构的组织架构、环境监理人员及联络方式，明确工作人员应履行的工作职责及分工、环境监理人员守则等。

5 环境监理工作内容

分阶段分类说明具体工作内容，明确各工序具体的监理方法、监理部位以及形成的监理记录要点。

6 环境监理重点、难点及控制要点

分类介绍重点环节及工序环境监理要点、生态敏感区环境监理要点及迹地恢复环境监理要点。

根据重点环节及工序的特点，结合污染产生源、产生部位、处置措施及排放要求等详细说明监理工作程序、内容、方法和主要关注点及应达到的监理要求。

当项目涉及生态敏感区时，应给出生态敏感区的保护级别、保护对象、保护分区区划等具体信息，详细说明涉及生态敏感区的工程施工方案、施工污染物产排情况、主要施工环保措施，明确 监理部位、监理时段、监理方法、主要技术要求以及应形成的监理记录文件等。

迹地恢复环境监理要点应列出环境影响评价文件中要求进行迹地恢复的具体工程位置、恢复方案，统计主要工程量，明确恢复措施的监理时段、监理方法、主要技术要求以及应形成的记录文件等。

7 环境监理对问题的处理

对环境监理过程中可能遇到的问题进行分类总结，详细介绍环境监理对各类问题的具体处理程序，如一般环保问题、重大环保问题等。

8 环境监理工作计划

根据工程建设进度计划，列出详细的环境监理工作计划。

9 环境监理成果及提交

介绍各阶段应提交的环境监理成果。

JHS3：环境监理工作总结

环境监理工作总结报告

1　建设项目部概况

2　建设项目进度

3　建设项目环保投资

4　环保设施、生态保护设施施工总进度

5　环保设施（措施）、污染防护、生态保护设施（措施）的落实完成情况

6　施工期环境监测工作及报告

7　环境监理工作情况

8　环境监理结论

9　存在的问题及建议

10　环境监理大事记

11　环境监理档案及影像资料

12　附图及照片

JHS4：水保监理规划

水 保 监 理 规 划

1 工作依据

介绍水保监理工作依据。工作依据主要包括国家及地方颁布的与工程相关的水保法律、法规、水保方案及批复文件、工程有关设计资料及工程水保监理合同。

2 工程概况

介绍建设项目主要工程内容及规模；结合工程水保方案，介绍项目区水土流失概况、工程水土流失防治标准及目标值、水土流失防治责任范围及水土流失防治分区。

3 监理期限、工作范围与内容

明确监理时段及工作范围。原则上水保监理工作期限为现场监理工作时段及后期验收工作配合时段；监理工作范围涵盖工程变电工程永久占地及临时占地区域。

提出各阶段具体监理工作内容。

4 监理工作目标

介绍水保监理质量控制目标、进度控制目标、投资控制目标、项目管理目标、合同管理目标及协调工作目标。

5 监理方法及工作程序

明确工程水保监理方法。水保监理方法主要包括发布文件、跟踪检查、平行检测、现场记录、巡视检验、旁站监理、遥感遥测、宣传培训以及协调各参建方关系，调解工程施工中出现的问题和争议等。

介绍水保监理总体工作程序，根据输变电工程建设特点，分别介绍各阶段水保监理工作程序。

6 监理工作制度

明确水保监理工作所采用的工作制度，确保监理工作规范有序开展。水保监理工作制度包括技术文件审核审批制度、工程质量检验制度、工作报告制度、工程验收制度等。

7 监理项目部组织机构及监理设备

明确水保监理工作组织机构建设情况；拟投入的水保监理人员及相应职责；拟投入的主要监理设施、设备。

8 监理要点

明确项目水保监理工作重点内容及难点；根据工程施工特点、水保方案及设计提出的主要水保措施，明确变电站（换流站、开关站、串补站）各阶段水保监理工作要点；根据项目涉及的敏感区、敏感区分布情况、敏感区相应保护要求等，明确敏感区水保监理工作要点。

9 监理成果提交

明确项目水保监理工作涉及的主要成果资料及提交形式。

JHS5：水保监理实施细则

水保监理实施细则

1 总则

介绍项目概况，包含项目基本情况、项目组成及工程特性、项目水土流失防治标准、防治分区及责任范围等、项目水保方案报告书批复要求等；明确编制依据及监理项目部组织机构及拟投入的人员情况。

2 监理工作目标、范围及内容

细化监理工作目标及工作范围；分阶段细化水保监理工作内容。

3 水保工程质量控制

明确水保工程质量控制的内容和方法；明确水保工程主要材料、构配件及工程设备质量控制内容及方法；明确水保工程质量评定内容和方法等。

4 水保工程进度控制的内容、措施和方法

明确水保工程进度目标控制体系、施工进度计划的申报与审批及水保工程施工计划的申报及审批流程、施工进度的过程控制措施；明确水保工程施工进度的过程控制内容和方法；明确水保工程停工、复工流程及主要内容；明确工期延误及工程延误的处理。

5 水保工程投资控制的内容、措施和方法

明确水保投资控制的目标体系、水保工程计量与支付相关程序、要求及水保措施变更控制。

6 合同与信息管理

明确合同管理内容、工程变更管理、费用索赔的处理及合同的解除等；明确信息管理体系、信息的收集和整理要求等。

7 水保问题处理

明确一般性水保问题及重大水保问题的处理流程和方法。

8 工程各水保防治区监理实施细则

针对变电站（换流站、开关站、串补站）站区、进站道路区、站外管线区、施工电源线路区、施工生产生活区等防治区，明确工程水保监理实施细则。

9 监理工作计划

介绍水保监理计划。

JHS6：水保监理工作总结

水保监理工作总结报告

1 工程概况

1.1 工程地理位置

说明工程在行政区划中所处位置，变电站（开关站、换补站）工程介绍到乡镇。

1.2 工程特性

介绍工程建设性质、项目组成（建设内容）及规模，列表说明主要工程特性及技术经济指标。

1.3 工程占地及土石方情况

介绍工程实际永久占地、临时占地面积及类型；工程挖填土石方量、弃土场、取土场基本情况或土石方综合利用方式。

1.4 工程建设情况

工程建设情况包括但不限于以下内容：

（1）开工时间、完工时间、主要建设节点等；

（2）工程参建单位介绍：建设单位、施工单位（分标段）、监理单位（分标段）、设计单位（分标段）等；

（3）工程投资及水保投资情况；

（4）设计的水保设施建设完成情况等。

2 工程水保监理规划

2.1 监理依据

水保相关法律法规、部门规章、标准及规范；工程施工、监理合同文件、水保方案报告书及批复文件、设计文件及建设管理文件等。

2.2 监理内容、目标及方式

结合工程实际情况，简要说明工程水保监理内容、目标及方式。

2.3 监理时段及工作范围

依据监理合同文件及工程水保方案，结合工程实际建设情况，说明工程监理时段及工作范围。

2.4 监理机构及人员组成

介绍工程水保监理机构及人员组成情况。

2.5 监理工作程序

根据本工程特点，制定监理工作总体程序，体现事前控制和主动控制的要求；针对施工准备期、施工期及竣工验收期分别制定监理工作流程图。

2.6 水保问题处理流程

制定水保问题处理流程，确保水保问题整改闭环。

2.7 监理设备、资源投入

介绍水保监理过程监理设备与资源的投入。

3 工程水保监理过程

3.1 监理合同履行情况

依据水保监理合同具体条款，逐条描述合同履行情况；介绍施工准备期、施工期及工程竣工验收期水保监理执行情况。

3.2 工程水保措施监理

根据工程水保方案防治分区，分别针对变电站（换流站、串补站）工程，介绍施工各阶段、各分区水保措施监理情况，并附相关图片资料。

3.3 水保措施实施情况

根据工程水保方案提出的工程措施、植物措施及临时措施，结合监理情况，分别针对变电站（换流站、串补站）工程逐一介绍施工期措施落实情况、完成量及投资，并附相关措施图片；对水保各防治分区水保工程措施、植物措施及临时措施实际完成量与水保方案要求量对比分析，说明变化原因。

3.4 过程检查及对外协调

介绍水行政主管部门现场监督检查情况及针对检查意见的落实、反馈；上级部门检查工程水保工作开展情况及针对检查意见的落实、反馈。附检查意见及回复文件。

4 工程水保监理效果

4.1 质量控制监理工作成效

介绍施工准备期、施工期及竣工验收期分别采取的水保工程质量控制措施；水保工程项目划分情况；主要的水保工程质量评定工作开展情况及质量评定结果，附评定表及签证；水保工程监理初检组织情况、初检工作开展情况、监理初检结论及成果，附监理初检报告；水保工程竣工验收情况，明确水保工程竣工验收结论。

4.2 进度控制监理工作成效

介绍施工阶段采取的水保工程进度控制措施；对比工程建设进度，介绍水保措施落实进展，说明水保"三同时"落实情况；以图表形式描述工程进度目标完成情况。

4.3 投资控制监理工作成效

介绍工程水保投资控制采取的措施及工程水保投资目标完成情况，并与水保方案估算投资进行对比，说明投资变化主要原因。

5 工作经验与问题建议

介绍工程水保监理工作经验及存在问题，提出下一步工作建议。

6 附件与附图

6.1 监理大事记

包括项目开、竣工时间节点；重要的水保会议；水土流失事件及处置情况；水保纠纷处理；水保监督检查；重要的水保宣传活动等。

6.2 附件

包含监理合同文件（或委托书、中标通知书）、水保方案报告书及批复意见、水保工程质量评定记录（含验收鉴定书）、监理初检报告、水行政主管部门监督检查意见及回复报告等。

6.3 附图

包含项目地理位置及线路走向图、监理工作开展情况相关图片、现场监督检查图片，工程水保工程措施、植物措施及临时防护措施图片等。

JHS7：环保水保监理月（季）报

环保水保监理月（季）报

1）建设项目形象进度；

2）本月环保水保设施施工进度情况；

3）本月环保水保措施落实情况；

4）本月环保水保监理工作情况（工程材料进场检验、环保水保验收、工程支付等）；

5）上月存在问题的整改情况，本月存在的问题及要求；

6）其他需说明事项；

7）下月工作计划；

8）附图及照片。

附录 B

施工阶段环保水保监理工作要点

附件1：施工阶段环境监理工作要点

1. 变电站环保应重点关注：声环境、水环境、生态环境、大气环境以及固体废物处置等五类环境影响要素

1）水污染检查要点：检查污水处理设施的设备选型及安装位置、污水回用设施以及雨污分流管网建设情况，旁站监理污水处理设施建设及安装过程；旁站监理变电站事故油池，重点关注事故油池建设数量、规模、基础开挖土石方堆存及回填情况、防渗措施落实情况以及事故油池有效容积是否满足单台主变最大油量；巡视检查混凝土搅拌废水处理设施建设及运行情况。

2）噪声防护检查要点：检查施工机械噪声污染防治措施落实情况，检查变电站高噪声设备选型、各类降噪措施（设施）选型［隔声门、窗、风口消声器、吸声墙、设备隔振、隔声屏障、隔声罩（BOX-IN）］及安装质量。

3）大气环境检查要点：检查土石方开挖、爆破、混凝土施工、车辆运输、渣土及散装堆料场等施工活动及施工区域降尘、除尘措施。

4）生态保护检查要点：巡视检查施工临时占地选址及生态防护措施落实情况；跟踪检查施工占用农田面积、种类及耕植土保护情况，核查土地整治、耕植土覆盖；跟踪检查施工破坏草地面积、草种及分布情况，核查表土及草皮剥离、保护、回覆及植被恢复情况；巡视检查防止水土流失、植被破坏的防护设施的建设及规范运行情况；核查临时用地的恢复情况，跟踪检查施工单位环保拆迁及迹地恢复情况。

5）固体废物处理检查要点。巡视检查施工现场、材料站和生活营区的建筑垃圾及生活垃圾收集、储存、处置措施落实情况。

6）涉及生态敏感区环境监理应包含：

a. 审核涉及生态敏感区作业活动的申请；

b. 检查施工单位在生态敏感区及其外围保护地带内施工活动场所的防护设施、公告牌、警戒线、警示标识设置状况；

c. 现场监督施工单位按照已批准的专项施工方案组织施工，落实环境影响评价文件及其批复意见、设计文件提出的环境污染防治措施及生态保护措施；

d. 在生态敏感区特定区域或保护区周围进行施工时，旁站施工废弃物处理、施工废污水收集处理、施工降噪防护等环保措施落实情况，采取巡检的方式，监督施工行为远离法律法规禁止建设的敏感区域；

e. 项目区涉及列入国家和地方重点保护名录的动、植物资源时，旁站监理重点保护野

生动物主要分布区域的施工作业行为，监督施工作业避开动物繁殖、哺乳等特殊时期，旁站或见证重点保护植物植被的就地保护、异地移植等保护措施，并监督施工单位按照环境影响评价文件及批复文件要求进行迹地恢复。

2. 环保质量监理

1）大气环保措施：对土石方开挖、爆破、混凝土施工、车辆运输、渣土及散装堆料场等施工活动及施工区域进行检查，监督施工单位严格执行相应的降尘、除尘措施，粉尘排放应符合 GB 16297—1996 中相应标准要求，所在区域应满足 GB 3095—2012 中相应标准要求。

2）水环保措施：检查基础施工泥浆、施工现场拌和废水、砂石料冲洗及物料清洗筛选废水、机修含油废水等施工废水处理情况及排放方式；检查施工人员生活污水处理情况及排放方式，外排废水水质应符合 GB 8978—1996 中相应排放标准，纳污水体在排污断面处水质应满足 GB 3838—2002 中相应标准要求。

3）声环保措施：对土石方开挖、爆破、砂石料生产、混凝土施工、车辆运输等施工活动进行检查，监督施工单位严格落实消除和降低噪声的措施，噪声排放应符合 GB 12523—2011 中相应标准要求，所在区域应满足 GB 3096—2008 中相应标准要求；检查工程爆破控制技术的实施、爆破密戒区域的设置、爆破时间的执行情况；督促承包单位合理安排施工计划，对声环保目标产生较大影响的作业活动应限制夜间施工；检查施工期间声环境敏感区域隔声、消声、降噪设备设施安装布设情况。

4）固体废弃物处置措施：对弃土、弃渣、焊条焊渣、废弃物金属材料收集、储存、处置情况进行检查；监督施工单位按照环境影响评价文件及设计要求处置固体废弃物，弃渣（土）和底泥的堆放和处置应满足 GB 18599—2020 的要求，监督施工单位按照 GB 18597—2023 处理废油等危险废物，督促施工单位对建筑垃圾和生活垃圾进行有序堆放、合理处置。

附件 2：施工阶段水保监理工作要点

1. 水土流失防治范围监督控制

1）对变电工程站区、进站道路区、施工生产生活区、施工电源线路区、站外管线区及其他施工临时扰动区布置情况、占地性质及合理性进行检查；核查变电站（换流站、开关站、串补站）相关区域。

2）对施工便道长度、宽度及占地性质进行核实、统计，与水保方案批复的施工便道长度进行对比，判定确定是否造成重大变更；加强施工便道建设监督、管理，严禁施工单位肆意开辟道路。

2. 水保监理应重点开展以下工作，并采集现场图片及影像资料

1）调查站区挖填土方量、取土来源及余方综合利用方向；对工程配套的取土场、弃渣场选址及苫盖、挡土墙、排水沟等水保措施（设施）落实情况进行现场核查，复核与水保方案及工程水保设计的一致性。

2）土建施工阶段，应对水保方案及设计提出的表土剥离及堆存防护（隔离、苫盖）、草皮剥离及养护、临时堆土拦挡及防护、裸露场地苫盖、砂石料等施工材料铺垫、临时排水及沉沙、截排水设施、护坡、挡墙等水保措施（设施）实施情况进行检查。

3）设备安装阶段，应对站区土石方及表土分层回填、多余表土综合利用方向、草皮回铺、场地平整、碎石压盖、站区植草等措施落实情况进行检查，对站外护坡、挡墙、截排水沟等水保设施的防治效果进行现场检查。

4）工程主体施工结束后，监督指导施工单位拆除、清理施工临时占地区建（构）筑物，进行土地整治，恢复植被或复耕。

5）对现场检查发现水保措施（设施）实施不符合水保方案及设计要求，或水保设施防治效果不佳等问题，进行取证及监理记录，及时以监理通知单的形式通知施工单位，限期整改，并跟踪整改结果，确保整改闭环。

3. 水保质量监理

1）工程措施：依据水保方案及工程水保专项设计，对水保工程质量逐项进行检测检验。

a. 表土剥离与回覆：对表土剥离区域、方法、厚度、工程量、投资及表土堆存方式进行核查，查阅并收集表土剥离相关施工及工程监理资料，检查表土回覆效果。

b. 草皮剥离与回铺：对草皮剥离与回铺的区域、面积与方法、厚度、工程量及投资进行核查；检查草皮堆存方式、养护措施及有效性；检查草皮回铺的间隙及效果、灌缝的措施及实施情况。

c. 挡土墙：对弃渣场挡土墙实施时间、位置、尺寸、工程量、投资等进行核查；检查并收集混凝土试验报告、施工及工程监理记录、弃渣场挡土墙质量评定资料；检查挡土墙防治效果。

d. 挡水墙：对变电站（换流站、开关站、串补站）挡水墙实施时间、位置、尺寸、工程量、投资等进行核查；检查并收集混凝土试验报告、施工及工程监理记录、变电站（换流

站、开关站、串补站）挡水墙质量评定资料；检查挡水墙防治效果。

e. 排水沟：对排水沟实施时间、位置、尺寸、工程量、投资等进行核查；检查并收集混凝土试验报告、施工及主体监理记录、排水沟质量评定资料；检查排水沟防治效果。排水沟主要包括弃渣场截排水沟、变电站（换流站、开关站、串补站）截排水沟及截洪沟等。

f. 护坡：对工程护坡实施时间、规格、工程量、投资进行核查；检查并收集混凝土试验报告、施工及主体监理记录、工程护坡质量评定资料；检查工程护坡防治效果。工程护坡主要包括浆砌石护坡、混凝土预制块护坡等。

g. 土地整治：对变电站（换流站、开关站、串补站）土地整治措施实施时间、方式、工程量、投资等进行核查；检查并收集施工及主体监理记录、土地整治措施质量评定资料，检查防治效果。土地整治措施主要包括场地平整、碎石压盖、土地复耕等。土地复耕重点关注土地复耕的质量、效果；土地复耕的适宜性及土地复耕的用途。

h. 工程固沙：对变电站（换流站、开关站、串补站）固沙措施实施时间、方式、工程量、投资等进行核查；检查并收集施工及主体监理记录、工程固沙措施质量评定资料，检查防治效果。

2）植物措施：依据水保方案及水保专项设计文件，对水保植物措施质量进行检测检验。

a. 种草：按照设计检查草种和撒播密度；各类草种混交比例；草种标签、检验证书；草种种纯度、发芽率，质量合格证及检疫证；种草的位置、布局、密度以及配置；整地翻土深度与质量；施工工艺方法；质量保证期的抚育管理；草种发芽率、覆盖度等指标。组织开展各场地种草措施的质量评定及验收签证工作。

b. 造林：按照设计检查林种、林型、树种和造林密度、整地形式是否适合立地条件；各类树种混交比例和树苗质量与施工质量；苗木的生长年龄、苗高和地径；起苗、包装、运输和贮藏（假植）；苗木根系完整性，苗木标签、检验证书，外调苗木的检疫证书；育苗、植播造林所用籽种纯度、发芽率，质量合格证及检疫证；造林的位置、布局、密度以及配置；整地的形式、规格尺寸与质量；施工工艺方法；质量保证期的抚育管理；造林成活率。组织开展各场地造林措施的质量评定及验收签证工作。

3）临时措施：依据水保方案及水保专项设计文件，对水保临时措施质量进行检测检验。

a. 临时苫盖措施：对施工各阶段各施工位置临时苫盖措施的实施时间、工程量及投资进行核查，检查临时苫盖措施的有效性及防治效果、苫盖材料更替情况；跟踪临时苫盖完成后苫盖材料的处置去向。临时苫盖措施主要包括密目网苫盖、彩条布苫盖等。

b. 临时隔离措施：对草地、草甸等植被覆盖区域或环境敏感位置临时隔离措施的实施时间、工程量及投资进行核查，检查临时隔离措施的有效性及防治效果、隔离材料更替情况；跟踪临时隔离措施完成后隔离材料的处置去向。临时隔离措施主要包括彩条布隔离、棕垫隔离、草垫隔离等。

c. 临时拦挡措施：临时拦挡措施布置的适宜性、临时拦挡的防护时间、临时拦挡的位置及长度、临时拦挡的断面尺寸及临时拦挡措施投资进行核查，检查临时拦挡措施拦挡效果；跟踪临时拦挡完成后拦挡材料的处置去向。临时拦挡措施主要包括编织袋装土挡护、干砌石挡护等。

d．临时排水措施：对临时排水沟布置的适宜性、防洪标准、临时排水沟的位置及长度、临时排水沟的规模及断面尺寸、投资，检查临时排水沟的防护效果；跟踪临时排水沟后期回填恢复情况。

e．临时沉沙措施：对临时沉沙池布置位置、适宜性、防洪标准、数量、尺寸及投资等进行核实，检查临时沉沙池清理情况及防治效果；跟踪临时沉沙池后期回填恢复情况。

附录 C

环 保 水 保 工 艺 标 准

依据环保水保设计图纸、标准规范及项目管理实施规划，项目总工组织编制环保水保专项施工方案，施工单位安全、质量、技术等职能部门审核，施工单位技术负责人批准，报监理项目部审批。施工项目部应依据审批通过的专项施工方案逐项开展环保水保施工作业，其中变电工程包括大气环境、水环境、声环境、固体废物、电磁环境、生态环境 6 类环境要素，涉及相关措施（设施）30 项；表土保护、临时防护、边坡防护、截排水、土地整治、防风固沙、降水蓄渗、植被恢复 8 类水土保持单位工程，涉及相关措施（设施）24 项。

1. 环境保护措施落实

变电工程环境保护措施按环境要素主要分为大气环境保护措施、水环境保护措施、声环境保护措施、固废防治措施、电磁控制措施和生态环境保护措施。

资料成果：《环保水保专项施工方案》

1.1 大气环境保护措施

目的：降低在设备材料运输、施工土方开挖、堆土堆料作业等过程中产生的施工扬尘，满足《大气污染物综合排放标准》（GB 16297—1996）或者地方排放标准限值的要求。

主要采取措施为洒水抑尘、雾炮机抑尘、密目网苫盖抑尘、施工车辆清洗、全封闭车辆运输。

1.1.1 洒水抑尘

适用阶段：施工全过程。

适用范围：施工道路和施工场地的各起尘作业点的扬尘污染防治。

工艺标准：

（1）施工现场应建立洒水抑尘制度，配备洒水车或其他洒水设备。

（2）每天宜分时段喷洒抑尘三次。

（3）每次抑尘洒水量通常按 $1\sim2L/m^2$ 考虑。

施工要点：

（1）洒水抑尘应根据天气、扬尘及施工运输情况适当增加或减少喷洒次数。

（2）遇有 4 级以上大风或雾霾等重污染天气预警时，宜增加喷洒次数。

洒水抑尘如图 C.1 所示。

1.1.2 雾炮机抑尘

适用阶段：施工全过程。

适用范围：材料装卸、土方开挖及回填阶段等固定点式作业过程的扬尘污染防治。

图 C.1 洒水车洒水抑尘、场站其他洒水设备

工艺标准：

（1）应选择风力强劲、射程高（远）、穿透性好的雾炮机，可以实现精量喷雾，雾粒细小，能快速抑尘，工作效率高。

（2）根据施工场地需抑尘的范围选择雾炮机的射程和数量。

（3）雾炮机可根据粉尘大小选择是单路或者双路喷水，起到节水功能。

施工要点：

（1）启动前，首先确认工具及其防护装置完好，螺栓紧固正常，无松脱，工具部分无裂纹、气路密封良好，气管应无老化、腐蚀，压力源处安全装置完好，风管连接处牢固。

（2）启动时，首先试运转。开动后应平稳无剧烈振动，工作状态正常，检查无误后再行工作。

（3）雾炮机维修后的试运转，应在有防护封闭区域内进行，并只允许短时间（小于 1min）高速试运转，任何时候切勿长时间高速空转。

雾炮机抑尘如图 C.2 所示。

1.1.3 密目网苫盖抑尘

适用阶段：施工全过程。

适用范围：堆土、堆料场等起尘物质堆放点及裸露地表区域的扬尘污染防治。

工艺标准：

（1）遮盖应根据当时起尘物质进行全覆盖，不留死角；密目网的目数不宜低于 2000 目。

（2）密目网应拼接严密、覆盖完整，采用搭接方式，长边搭接宜不少于 500mm，短边搭接宜不少于 100mm。

图 C.2 雾炮机抑尘

（3）坚持"先防护后施工"原则，及时控制施工过程中的扬尘污染和水土流失；苫盖应密闭，减少扬尘及水土流失可能性。

施工要点：

（1）密目网应成片铺设，为保证效果以及延长寿命，应尽量减少接缝，无法避免的接缝采用手工缝制。

图 C.3 密目网苫盖抑尘

（2）密目网应采用可靠固定方式进行固定，压实压牢，能够在一定时间段内起到良好的防风抑尘效果。

（3）密目网管理要明确专人负责，废弃、破损的密目网要及时回收入库，严禁现场填埋、现场焚烧和随意丢弃，避免造成二次污染。

密目网苫盖抑尘如图 C.3 所示。

1.1.4　施工车辆清洗

适用阶段：施工全过程。

适用范围：施工材料和设备车辆的扬尘污染防治。

工艺标准：

（1）施工现场出入口处设置施工车辆清洗设施，出场时将车辆轮胎及底盘清理干净，不得将泥沙带出现场。

（2）在洗车槽附近设置高压水枪，对已经在洗车槽清洗后的车辆进行第二道清洗，重点对车轮胎缝隙处的泥土残留物进行清洗。

施工要点：

（1）车辆清洗设施处设置排水沟、沉淀池、集水井等，防止废水溢出施工场地。

（2）沉淀池应定期清掏。

施工车辆清洗如图 C.4 所示。

（a）自动清洗　　　　　　　　（b）人工清洗

图 C.4　施工车辆清洗

1.1.5　全封闭运输车辆

适用阶段：施工全过程。

适用范围：建筑垃圾、砂石、渣土运输过程的扬尘污染防治。

工艺标准：运输车应加装帆布顶棚平滑式装置，全覆盖后与货箱栏板高度持平，车厢尾部栏板加装反光放大号牌。

施工要点：

（1）建筑垃圾、砂石、渣土运输车辆上路行驶应严密封闭，不得出现撒漏现象。

（2）未加装帆布顶棚的运输车辆不予装载，严禁超限装载。

（3）按当地规定运输时段进行运输，确需夜间运输需按当地要求办理相关手续。

（4）运输车辆上路前需进行清洗除尘。

全封闭运输车辆如图 C.5 所示。

图 C.5　全封闭运输车辆

1.2　水环境保护措施

目的：采取措施尽可能回收施工机械清洗、场地冲洗、建材清洗和混凝土养护过程产生的废水，基础开挖、灌注桩施工等过程中形成的泥浆水施工人员产生一定量的生活污水，满足《污水综合排放标准》（GB 8978—1996）或者地方排放标准等相应标准限值要求。

主要措施包括泥浆沉淀池、临时水冲式厕所、临时化粪池、隔油池、生活污水处理装置、事故油池。

1.2.1　泥浆沉淀池

适用阶段：基础施工阶段。

适用范围：变电（换流）站场地冲洗、建材冲洗、混凝土养护或灌注桩基础施工、钻头冷却产生的泥浆废水的处理处置。

工艺标准：

（1）灌注桩基础施工应设泥浆槽、沉淀池。

（2）泥浆池采用挖掘机开挖，四周按要求放坡。开挖应自上而下，逐层进行，严禁先挖坡脚或逆坡开挖。

（3）泥浆池、沉淀池开挖后，须进行平整、夯实；为防池壁坍塌，池顶面需密实。

（4）泥浆池四周及底部应采取防渗措施。

（5）应符合《水利水电工程沉沙池设计规范》（SL 269—2019）的要求。

施工要点：

（1）施工中，及时清理沉淀池；清理出来的沉渣集中外运至指定的渣土处理中心处理。

（2）废泥浆用罐车送到指定的处理中心进行处理。

图 C.6　开挖式泥浆池

（3）施工完毕后，应及时清除泥浆池内泥浆及沉渣，及时回填、压实、整平，恢复植被或原有土地功能。

泥浆池如图 C.6 所示。

1.2.2　临时水冲式厕所

适用阶段：施工全过程。

适用范围：变电（换流）站和输电线路工程施工期施工人员生活污水的处理处置。

工艺标准：

（1）施工生活区应设置临时水冲式厕所，每 25 人设置一个坑位，超过 100 人时，每增加 50 人设置一个坑位，男厕设 10 个坑位，女厕设 1 个坑位。

（2）施工生产区的水冲式移动厕所应围绕施工区均匀布置，每个移动厕所设置 2 个坑位。

图 C.7　临时厕所

施工要点：

（1）临时厕所的个数及容积应根据施工人员数量进行调整。

（2）临时厕所应保持干净、整洁。

（3）临时厕所应做好消毒杀菌工作。

临时水冲式厕所如图 C.7 所示。

1.2.3　临时化粪池

适用阶段：施工全过程。

适用范围：施工人员生活污水的处理处置。

工艺标准：

（1）临时厕所的化粪池可采用成品玻璃钢化粪池、砌筑化粪池。

（2）砌筑化粪池应进行防渗处理。

（3）化粪池进出管口的高度需要严格控制，管口进行严密的密封。

（4）砌筑化粪池应进行渗漏试验。

（5）施工工地附近有市政排水管网时，化粪池出水可以排放到市政管网；当施工工地附近无市政排水管网时，需要在工地设置生活污水处理装置，处理后的生活污水进行回用（如用于降尘洒水）。

施工要点：

（1）化粪池的进出口应做污水窖井，并应采取措施保证室内外管道正常连接和使用，不得泛水。

（2）化粪池顶盖面标高应高于地面标高 50mm。

（3）化粪池应定期清掏，及时转运，不得外溢。

临时化粪池如图 C.8 所示。

（a）成品玻璃钢化粪池

（b）砌筑化粪池
图 C.8　临时化粪池

1.2.4　隔油池

适用阶段：施工全过程。

适用范围：施工生活区食堂餐饮废水的处理处置。

工艺标准：

（1）厨房隔油池可采用不锈钢成套设备，应符合《餐饮废水隔油器》（CJ/T 295—2015）的规定。

（2）厨房隔油池不应设在厨房、饮食制作间及其他有卫生要求的空间内。

（3）施工废水隔油应采取防渗措施。

施工要点：

（1）与隔油池相连的管道均应防酸碱、耐高温。

（2）设备构件、管道连接处应做好密封，防止渗漏。

（3）隔油池应定期清理废油，废油交由资质单位进行处理处置。

隔油池如图 C.9 所示。

（a）油水分离器   （b）隔油装置

图 C.9　隔油池

1.2.5　生活污水处理装置（增加永久生活污水处理处置）

适用阶段：施工全过程。

适用范围：变电（换流）站施工期生活污水处理处置。

工艺标准：

（1）变电（换流）站应同步建设生活污水处理设备。

（2）生活污水处理设备前端宜设置化粪池、污水调节池，设备后端应设置污泥池和污水池，污水池后可设消毒池。前端污水调节池和后端污水池容积应满足冬季储水量要求，环境低于 0℃时，应采取防冻措施。

（3）设备入孔盖板应高出地坪 50mm 左右。

施工要点：

（1）生活污水处理装置安装完毕后，设备与基础底板应连接固定，保证不使设备流动上浮。

（2）须在设备中注入污水（无污水时，用其他水源或自来水代替），充满度应达到 70%以上，以防设备上浮。

（3）检查好各管道有无渗漏。试水各管路口不应渗漏，同时设备不受地面水上涨，而使设备错位和倾斜。

图 C.10 变电（换流）站生活污水
处理装置

（4）连接好风机、水泵控制线路，并注意风机、水泵的转向应正确无误。

变电（换流）站生活污水处理装置如图 C.10 所示。

1.2.6 事故油池（补充油水分离装置安装照片）

适用阶段：施工全过程。

适用范围：事故状态下变电（换流）站变压器（换流变压器）、电抗器等含油设备产生废油的处置。

工艺标准：

（1）事故油池的耐久性应符合《混凝土结构设计规范》（GB 50010—2010）的有关规定，混凝土强度不低于 C30。

（2）结构厚度不应小于 250mm；混凝土抗渗等级不应低于 P8。

（3）抗渗混凝土用的水泥宜采用普通硅酸盐水泥。

（4）质量标准应符合《变电（换流）站土建工程施工质量验收规范》（Q/GDW 1183—2012）的相关要求。

施工要点：

（1）施工技术人员应掌握事故油池防渗的技术要求。

（2）抗渗混凝土的配合比应按《普通混凝土配合比设计规程》（JGJ 55—2011）的规定通过试验确定。

（3）施工中每道工序均应进行检验，上道工序检验合格后方可进行下道工序。

（4）抗渗混凝土防渗层养护期满后，应将缩缝、胀缝、衔接缝缝槽清理干净，并进行填缝。

变电（换流）站事故油池如图 C.11 所示。

图 C.11 变电（换流）站事故油池

1.3 声环境保护措施

目的：采取措施控制施工机械产生的噪声，满足《建筑施工场界环境噪声排放标准》（GB 12523—2011）中的标准限值要求。

主要措施包括施工噪声控制、低噪声设备、隔声罩、加高围墙、声屏障、吸音墙。

1.3.1 施工噪声控制

适用范围：施工全过程。

适用范围：主要适用于施工期噪声的控制。

工艺标准：

（1）施工场地周围应尽早建立围栏等遮挡措施，尽量减少施工噪声对周围声环境的影响。

（2）运输材料的车辆进入施工现场严禁鸣笛。

（3）夜间施工需取得县级生态环境主管部门的同意。

施工要点：

（1）夜间施工时禁止使用高噪声的机械设备。

（2）在居民区禁止夜间打桩等作业。

（3）施工现场的机械设备，宜设置在远离居民区侧。

施工噪声控制措施如图 C.12 所示。

（a）彩钢板围墙隔声　　　　　　　　　（b）永临结合围墙隔声

图 C.12　施工噪声控制

1.3.2　低噪声设备

适用范围：主要适用于站内产生噪声的设备。

工艺标准：

（1）变压器、电抗器等设备订货时应提出噪声限值。

（2）设备噪声限值应符合环境影响评价（简称环评）要求。

（3）供货商应提供设备出厂报告、出厂质量检验合格证书及有资质的检测单位提供的检测报告。

施工要点：

（1）设备应安装减振垫。

（2）附件、备件、配套地脚螺栓安装可靠、稳固。

低噪声设备如图 C.13 所示。

（a）低噪声变压器　　　　　　　　　（b）低噪声电抗器

图 C.13　低噪声设备

1.3.3　隔声罩

适用范围：主变压器、换流变压器、电抗器等设备的降噪。

工艺标准：

（1）隔声罩的安装对象、位置、材料应严格执行环评报告和噪声专题报告的要求。隔声罩的降噪量应符合环评报告及批复的要求。

（2）安装完毕后，应检查连接缝是否严密。施工质量满足《钢结构工程施工质量验收标准》（GB 50205—2020）、《电力建设施工技术规范 第 1 部分：土建结构工程》（DL/T 5190.1—2022）、《电力建设施工质量验收规程》DL/T 5210（所有部分）等相关标准要求。

施工要点：

（1）钢结构、维护结构夹心彩钢板、吸声板运输及装卸车过程中，要采取措施防止构件变形和油漆及镀锌表面受损。

（2）应针对吸声板内吸声棉填充物和维护夹心板内填充物采取有效的防潮措施。吸声板堆放、转运应优先选用人工进行，避免机械运输破坏。维护结构夹心彩钢板装卸及安装过程中要加工模具或采取措施，防止起吊后板材变形。

（3）隔声罩内部四周吸音体要考虑与喷淋管道相碰的问题。屋面吸、隔声板应沿屋面排水方向采取搭接方式接缝，避免出现屋面漏水现象。

（4）表面做防腐处理，防腐年限不小于 10 年。未经设计书面同意，所有构件均不得采取拼接接长。

隔声罩如图 C.14 所示。

1.3.4 加高围墙

适用范围：站界外无声环境敏感目标的变电（换流）站。

工艺标准：

（1）围墙高度需满足环保专项设计、环评及批复文件要求。

（2）围墙形式、施工工艺要求严格按设计文件执行。

图 C.14 隔声罩

（3）允许偏差：平整度不大于 2mm，垂直度不大于 2mm，缝宽不大于 2mm。

施工要点：

围墙施工要求按相关设计要求执行。

加高围墙如图 C.15 所示。

图 C.15 加高围墙

1.3.5 声屏障

适用范围：站界外有声环境敏感目标的变电（换流）站，也可与加高围墙结合使用。

工艺标准：

（1）降噪材料的声学性能指标、材料、规格、型号等要求应满足设计要求。供货商应提供降噪材料型式检验报告、出厂报告、出厂质量检验合格证书及有资质的检测单位提供的检测报告。

（2）降噪板表面应平整、色泽一致、洁净。接缝应均匀、顺直，填充材料应干燥，填充应密实、均匀、无下坠。所有钢构件应经过非常彻底的喷射清理除锈，采用热浸镀锌防腐处理，外涂聚氨酯改性面漆两遍。

（3）允许偏差：立面垂直度不大于 3mm，表面平整度不大于 3mm；接缝直线度不大于 3mm，接缝高低不大于 3mm。施工质量满足《钢结构工程施工质量验收标准》（GB 50205—2022）、《电力建设施工技术规范　第 1 部分：土建结构工程》（DL/T 5190.1—2022）、《电力建设施工质量验收规程》DL/T 5210（所有部分）等相关标准要求。

施工要点：

（1）施工前应对进入现场的地脚螺栓、钢立柱、降噪板组织检查验收。重点核对降噪装置钢构件和降噪板型号、规格、数量是否满足设计要求，检查降噪装置钢构件和吸隔声板是否有损坏、擦伤、断裂等。检查附件、备件、配套地脚螺栓规格、型号是否齐全。

（2）埋件安装须专用安装支架，安装支架牢固可靠，有埋件微调措施。埋件完成后需经过验收检查合格，混凝土强度达到要求后，方可进入下道工序施工。钢立柱与预埋件在围墙上端的地脚螺栓连接。地脚螺栓固定采用双螺母以防止松动。

（3）降噪板安装采用分块嵌入式插入钢立柱槽钢中。降噪板与钢立柱间采用可拆卸螺栓连接。降噪板全部安装完毕，顶部采用压顶盖板，并采用可拆卸螺栓与钢柱连接固定。

（4）声屏障板表面防腐的耐久年限应 30 年以上，并保证在现场大气环境下 20 年内表面涂层不产生明显褪色、色差、龟裂、剥落。

声屏障如图 C.16 所示。

1.3.6 吸音墙

适用范围：封闭建筑物内部墙体，也可用于变电（换流）站围墙。

工艺标准：

（1）轻钢龙骨使用的紧固材料应满足构造功能，结构层间连接牢固；骨架应保证刚度，不得弯曲、变形。吸音棉应填充均匀、密实、平整；铝扣板安装固定牢靠，不得有翘曲变形、缺边损角，无松脱、折裂厚度一致。

图 C.16　声屏障

（2）墙面垂直、平整，拼缝密实，线角顺直，板面色泽均匀整洁。

（3）允许偏差：墙面垂直度不大于 3mm，平整度不大于 2mm，阴阳角方正不大于 2mm，接缝直线度不大于 3mm，接缝高低差不大于 2mm。

施工要点：

（1）墙面基层应找平及防潮处理。用经纬仪（或线锤）在墙间柱打（吊）垂直，根据面板尺寸分段设点做标记。对整个墙面进行排版，以确保板面布置总体匀称。四围留边时，留边的四周要上下左右对称均匀，且边板宽度尺寸不小于300mm；墙上的灯具、配电箱、穿墙导管等设备位置合理、美观；地面与墙面收口应预留或设置踢脚线空挡。

（2）主次龙骨安装。竖向主龙骨固定点间距按设计推荐系列选择，原则上不能大于1000mm。主龙骨采用射钉固定与基层墙面连接固定，其纵向安装相邻龙骨间距为600mm；主龙骨安装后应及时校正其垂直度及平整度，主龙骨安装垂直度、平整度误差控制在5mm范围内。当主龙骨安装垂直度及平整度检查合格后，方可在纵向主龙骨上进行横向次龙骨的安装。横向次龙骨安装间距为600mm，次龙骨与主龙骨间的连接采用拉铆钉。

（3）吸音棉铺装：在基层龙骨安装完后，将成卷的吸音棉（通常厚度为50mm）套割成与轮钢龙骨安装间距相同宽度的板块（比如600mm×600mm），直接镶嵌在龙骨分格间；相邻两个吸音棉板块间的接缝要拼实挤严，不得有漏填现象，且其表面须与横向次龙骨表面齐平。

（4）面层铝扣板安装：面层铝扣板宜采用冲孔铝扣板，铝扣板厚度为2mm。铝扣板是直接安装嵌扣入次龙骨槽口内。在面板安装前，全面检查基层主次龙骨安装的垂直度、平整度，吸音降噪材料的填嵌密实度，确定整个基层安装牢固可靠，符合有关规定后方可进入面板安装。多孔铝扣板安装时，须调直次龙骨。墙上的灯具、配电箱、穿墙导管等设备与饰面板的交接吻合、严密，角缝紧密；吸音墙板面垂直、平整，拼缝顺直，无翘曲、锤印等。

（5）铝角条安装：在墙柱及门窗洞口阴阳角拼缝处采用阴角条和阳角条进行装饰收口。

图 C.17 吸音墙（铝扣板）

阴阳角装饰铝条与墙板面间采用铆钉连接加固，其安装水平误差，纵向误差、平直度均不得超过3mm。

吸音墙（铝扣板）如图 C.17 所示。

1.4 固废防治措施

目的：控制、处理施工过程产生的建筑垃圾、房屋拆迁产生的建筑垃圾、原材料和设备包装物、临时防护工程产生的废弃织物。

主要措施包括建筑垃圾清运、废料和包装物回收与利用、施工场地垃圾箱。

1.4.1 建筑垃圾清运

适用阶段：施工全过程。

适用范围：施工区域建筑垃圾的清运。

工艺标准：

（1）建筑垃圾应分类集中堆放，及时清运。

（2）建筑垃圾清运车辆应满足国家、地方和行业对机动车安全、排放、噪声、油耗的相关法规及标准要求。

（3）建筑垃圾清运车辆的外观、结构和密闭装置及监控系统应符合国家和地方的相关规定。

（4）建筑垃圾清运应按当地管理规定办理相关手续。

（5）建筑垃圾应按批准的时间、路线清运，在市政部门指定的消纳地点倾倒。

施工要点：

（1）建筑垃圾清运车辆应封闭严密后方可出场，装载高度不得高出车厢挡板。

（2）建筑垃圾清运车辆出场前应将车辆的车轮、车厢吸附的尘土、残渣清理干净，防止车辆带泥上路。

（3）建筑垃圾运输过程中应切实达到无外漏、无遗撒、无高尖、无扬尘的要求。

（4）建筑垃圾清运车辆要按当地规定运输时段运输，夜间运输需按当地要求办理相关手续。

建筑垃圾密闭运输车辆如图 C.18 所示。

1.4.2 废料和包装物回收与利用

适用阶段：施工全过程。

适用范围：施工废料、原材料和设备包装物回收，包括导线头、角铁，设备包装箱、纸、袋，保护设备的衬垫物，导线轴等。

图 C.18　建筑垃圾密闭运输车辆

工艺标准：

（1）施工中可回收的废料、包装物应收集，并集中存放。

（2）可在工程中使用的包装物应优先回用于工程，如编织袋可装土用于临时防护。

（3）原材料和设备厂家能回收的包装物宜由其回收，不能回收的宜委托有资质单位回收利用。

（4）不能回收利用废料、包装废弃物应交由有资质单位做资源化处理。

（5）废料、包装物属于国家电网有限公司物资管理范畴的，其回收与利用应按国家电网有限公司规定执行。

施工要点：

（1）不同材料的包装物应分类收集、存放。

（2）包装物的回收与利用不应产生二次污染。

（3）应设专人负责包装物的回收与利用。

钢筋回收如图 C.19 所示。

图 C.19　钢筋回收

1.4.3 施工场地垃圾箱

适用阶段：施工全过程。

适用范围：施工生产区、办公区和生活区。

工艺标准：

（1）施工场地应设置垃圾箱对生活垃圾进行集中收集，垃圾箱的数量应根据现场实际情况设定。

（2）施工生活区宜配置分类垃圾箱，分类垃圾箱设置根据施工所在地要求执行。

（3）施工现场应设置封闭式垃圾转运箱，并定期清运。

（4）施工生活区垃圾箱数量可按平均每人每天产生 1kg 垃圾进行设置。

（5）垃圾转运箱设置 1~2 个。

（6）项目所在地有相关规定的，应按相关规定执行。

施工要点：

（1）垃圾箱应摆放整齐，外观整洁干净。

（2）设置专人负责生活区、办公区、施工生产区的清扫及生活垃圾的收集工作。

（3）生活垃圾定期清运。

分类垃圾箱、垃圾收集转运箱如图 C.20 所示。

（a）分类垃圾箱　　　　　　　　　　　（b）垃圾收集转运箱

图 C.20　分类垃圾箱、垃圾收集转运箱

1.5 电磁控制措施

目的：预防扩建变电（换流）站施工临近带电体作业施工时产生的感应电伤人。

主要措施包括感应电预防、设备尖端放电预防、高压标识牌。

1.5.1 感应电预防

适用阶段：电气安装工程。

适用范围：变电（换流）站扩建临近带电体施工。

工艺标准：

（1）变电站内配电装置区施工应采用硬隔离措施将运行设备和施工区域有效隔离，施工区域位置宜使用硬质围栏，道路区域使用硬质围栏或伸缩围栏。

（2）施工区域硬隔离围栏面朝施工区方向应交叉悬挂"止步，高压危险！"和"禁止跨越"标识牌，间距不大于 6m。严禁隔离措施不完备情况下施工。

（3）变电站进行临电作业时，应保证安装的设备和施工机械均接地良好。

（4）临近带电体的作业人员应穿屏蔽服，高空人员应正确使用安全带等防护用品。

（5）可采取自动确定临电距离的设备或监测方法，保证作业人员对带电体净空距离满足安全要求。

施工要点：

（1）临时围挡设置应牢固，要保证足够的安全距离，要有人员防误入带电区措施。

（2）设备、机械的接地连接要可靠，接地钢钎等接地体要设置稳固，接地电阻要满足要求。

（3）屏蔽服使用前必须仔细检查外观质量，如有损坏即不能使用。穿着时必须将衣服、帽、手套、袜、鞋等各部分的多股金属连接线按照规定次序连接好，并且不能和皮肤直接接触，屏蔽服内应穿内衣。屏蔽服使用后必须妥善保管，不与水气和污染物质接触，以免损坏，影响电气性能。

临近电作业感应电预防如图 C.21 所示。

（a）人员穿着屏蔽服作业 　　（b）基于北斗定位技术的临电作业虚拟安全围栏

图 C.21　临近电作业感应电预防

1.5.2　设备尖端放电预防

适用阶段：电气安装工程。

适用范围：主要适用于变电（换流）站电气安装。

工艺标准：

（1）变电站应采取高空跨线组合精准安装工艺。

（2）改善变电站构架区局部电磁场分布，有效降低电晕及可听噪声水平。

施工要点：

（1）导线、管形母线等带电设备出现磨损时，应用砂纸打磨等方式处理合格。

（2）整板、开口销、均压环等安装工艺要按规定进行，调整板朝向、开口销角度、均压环与绝缘子、金具的距离均应满足降低尖端放电的要求。

（3）电气设备安装时，应保证高压设备、建筑物钢铁件均接地良好，设备导电元件间接触均应连接紧密，减少因接触不良而产生的火花放电。

（4）导线、管形母线等设备压接及金具连接需接触地面时，应做好铺垫，防止磨伤设备。

设备尖端放电预防如图 C.22 所示。

图 C.22 设备尖端放电预防（构架高空跨越组合改善局部电磁场分布）

1.5.3 高压标识牌

适用阶段：电气安装工程。

适用范围：变电（换流）站围墙外立面、设备区的高压标识牌。

工艺标准：

（1）高压标识牌的材质、样式和规格应符合国家电网有限公司相关规定要求。

（2）高压标识牌的安装位置可根据实际情况确定，同一工程标识牌距地面安装高度应统一。

（3）变电（换流）站围墙外立面高压标识牌宜设置在进出线、配电装置侧围墙外。

施工要点：

（1）高压标识牌宜采用螺栓固定，牢固可靠。

（2）定期检查高压标识牌，出现脱落、污损应及时补装、更换。

高压标识牌如图 C.23 所示。

1.6 生态环境保护措施

目的：表现为施工活动如场地平整、基坑（槽）开挖、混凝土浇筑、施工人员和车辆进出等对地表植被、土壤的扰动和破坏，对工程周围动物的影响。

主要措施包括施工限界、棕垫隔离、彩条布铺垫与隔离、钢板铺垫、迹地恢复。

1.6.1 施工限界

适用阶段：施工全过程。

图 C.23 变电站高压标识牌

适用范围：变电（换流）站站区、进站道路区、施工便道、施工营地等区域的施工限界。

工艺标准：

（1）施工现场应采取限界措施，以限制施工范围，避免对施工区域外的植被、土壤等造成破坏。

（2）施工限界可视现场情况采取彩钢板围栏、硬质围栏、彩旗绳围栏、安全警示带等限界措施。

（3）彩钢板围栏、硬质围栏、彩旗绳围栏质量应符合相关标准要求。

（4）彩钢板围栏各构件安装位置应符合设计要求。

（5）彩钢板围栏、硬质围栏等宜采用重复利用率高的标准化设施。

施工要点：

（1）有条件的变电（换流）站站区宜先期修筑围墙进行施工限界。

（2）彩钢板围栏应连续不间断，现场焊接部件位应正确，无假焊、漏焊。

（3）施工过程中应定期检查限界措施的完整性，破损时应及时更换或修补。

施工限界如图 C.24 所示。

（a）硬质围栏限界　　　　　　　　　　　　　（b）彩旗绳限界

图 C.24　施工线界

1.6.2　棕垫隔离

适用阶段：施工全过程。

适用范围：地表植被较脆弱、恢复困难的地段。

工艺标准：

（1）棕垫应拼接严密、覆盖完整，搭接宽度应不小于 200mm。

（2）棕垫质量应符合相关标准要求。

施工要点：

（1）施工过程中，应每天检查棕垫的完整性，如有破损应及时补修或更换。

（2）施工结束后应及时将棕垫撤离现场。

棕垫隔离如图 C.25 所示。

（a）施工场地棕垫隔离　　　　　　　　　　　（b）运输道路棕垫隔离

图 C.25　棕垫隔离

1.6.3　彩条布铺垫与隔离

适用阶段：施工全过程。

适用范围：临时堆土、堆料场等。

工艺标准：

（1）彩条布应具有耐晒和良好的防水性能；严寒地区施工选用的彩条布还应具有耐低

温性。

（2）临时堆土、堆料彩条布铺垫的用料量按照堆土面积的 1.2 倍～3 倍计算。

（3）彩条布边缘距堆放物应不小于 500mm。

（4）彩条布搭接宽度应不小于 200mm。

（5）彩条布质量应符合相关标准要求。

施工要点：

（1）彩条布铺垫前应将场地内石块清理干净。

（2）彩条布设铺设应平整，并适当留有变形余量。

（3）施工时应注意检查彩条布是否有洞或破损。

（4）彩条布应覆盖完整，并检查是否有遗漏。

（5）正常情况下，坡面铺垫时不能有水平搭接。

图 C.26 彩条布隔离与铺垫

（6）施工结束后及时撤离彩条布，并妥善处理，避免二次污染。

彩条布隔离与铺垫如图 C.26 所示。

1.6.4 钢板铺垫

适用阶段：施工全过程。

适用范围：利用田间道路作为施工便道或需占用农田作为临时用地的情况，其他情况可根据环评报告和批复要求、工程地形地质地貌特点等选用钢板铺垫措施。

工艺标准：

（1）钢板应采用厚度为 20mm 以上的热轧中厚钢板，级别为 Q235B。

（2）土质结构较为松散的地面，应适当增加钢板的厚度。

施工要点：

（1）钢板铺垫的路面、路线和路宽可视现场实际情况而定。

（2）钢板铺设时须纵向搭接，保证车辆行驶时不出现翘头板。

钢板铺垫如图 C.27 所示。

1.6.5 迹地恢复

适用阶段：施工全过程。

适用范围：房屋拆迁和施工临时占地的恢复。

工艺标准：

（1）房屋建筑、施工临建拆除后，硬化地面需剥离，基础需挖除，产生的建筑垃圾处理和运输应符合相关法律法规要求。

（2）硬化地面剥离、基础挖除后，需对迹地进行平整，以达到土地平坦，坡度不超过 5°。

图 C.27 钢板铺垫

（3）平整后的土地应及时恢复地表植被或原有使用功能。

（4）施工临时堆土场、堆料场，临时道路，牵张架线场等临时占地应在占用结束后及时恢复地表植被或原有使用功能。

（5）房屋建筑、施工临建拆除应彻底，禁止残留墙体、硬化地面和基础。

施工要点：

（1）房屋建筑、施工临建拆除过程应注意保护周围地表植被、控制扬尘。

（2）房屋建筑、施工临建拆除形成的建筑垃圾应全部清运，禁止原地掩埋。

（3）迹地平整可采取推土机和人工相结合的作业方式，即采用推土机初平然后人工整平。

（4）拆迁后或临时占用后的迹地应恢复至满足耕种的条件，非耕地视情况实施植被恢复并保证成活率。

迹地恢复如图 C.28 所示。

（a）房屋拆迁中　　　　　　　　　　　　（b）迹地恢复后

图 C.28　迹地恢复

1.7　永临结合工程措施

适用阶段：施工全过程。

适用范围：变电（换流）站的进站道路、围墙、站内雨排管沟等。

工艺标准：

（1）施工前应做好施工组织设计，考虑永临结合工程措施，合理布置施工场地、施工时序。

（2）变电（换流）站施工现场临时道路布置宜与原有道路或永久进站道路兼顾考虑。

（3）应充分利用原有道路或永久进站道路基层，并加设预制拼装可周转的临时路面，如钢制路面、装配式混凝土路面等，加强路基成品保护。

（4）现场临时围挡宜最大限度利用永久围墙，具备条件的变电（换流）站宜先期修建永久围墙。

（5）现场临时雨水管沟宜与变电（换流）站内永久雨水排水沟兼顾考虑，具备条件时应先期修筑永久雨排管沟。

施工要点：

变电（换流）站的进站道路、围墙的施工工艺和质量应符合相关标准、规范和国家电网有限公司有关规定。

永临结合工程措施如图 C.29 所示。

（a）永临结合雨水排管沟　　　　（b）永临结合围墙　　　　（c）永临结合施工道路

图 C.29　永临结合工程措施

2. 水土保持措施落实

变电（换流）站工程水土保持措施按照单位工程主要分为表土保护措施、临时防护措施、边坡防护措施、截排水措施、土地整治措施、防风固沙措施、降水蓄渗措施、植被恢复措施。

资料成果：《环保水保专项施工方案》《水土保持单元工程质量检验及评定记录表》。

2.1　表土保护措施

目的：保护和利用因开挖、填筑、弃渣、施工等活动破坏的表土资源。

主要措施包括表土剥离、表土回覆、表土铺垫保护、草皮剥离养护及回铺。

2.1.1　表土剥离、保护

适用阶段：施工全过程。

适用范围：扰动地表的永久及临时征占地范围，包括地表开挖或回填施工区域。

工艺标准：

（1）满足《生产建设项目水土保持技术标准》（GB 50433—2018）和《土地利用现状分类》（GB/T 21010—2017）的相关要求。

（2）应把表土集中堆放，并完成苫盖、保存好，表土中不应含有建筑垃圾等物质。

（3）表土剥离厚度根据表层熟化土厚度确定，一般为 100～600mm。平原区塔基原地类为耕地、草地的，表土剥离厚度一般为 300mm；山丘区施工临时道路原地类为草地、林地的，剥离厚度一般为 100mm；高寒草原草甸地区，应对表层草甸进行剥离；对于内蒙古草原生态比较脆弱的区域应考虑减少扰动和表土剥离。

施工要点：

（1）定位及定线。将不同的剥离单元进行画线，标明不同单元土壤剥离的范围和厚度。当剥离单元内存在不同的土层时，应分层标明土壤剥离的厚度。

（2）清障。实施剥离前，应清除土层中较大的树根、石块、建筑垃圾等异物，不影响施工及余土堆放的灌木、乔木应做好保护。

（3）表土剥离。在每一个剥离单元内完成剥离后，应详细记载土壤类型和剥离量。在土壤资源瘠薄地区，如需进行犁底层、心土层等分层剥离，应增加记载土壤属性。表土较薄的山区表土、草甸区草甸土可采取人工剥离；土层较厚的平原区可采取机械剥离。

（4）临时堆放。剥离的表土需要临时堆放时，应选择排水条件良好的地点进行堆放，并采取保护措施。表土较薄的山区表土应装入植生袋就近存放；土层较厚的平原区可采用就近集中堆存或异地集中堆存。

（5）其他方面的要求如下：

1）当剥离过程中发生较大强度降雨时，应立即停止剥离工作，并对已剥离的区域采取苫盖措施，减少雨水冲刷。在降雨停止后，待土壤含水量达到剥离要求时，再开始剥离操作。因受降雨冲刷造成土壤结构严重破坏的表土面应予清除。

2）禁止施工机械在尚未开展土壤剥离的区域运行；应确保施工作业面没有积水。

3）对剥离后的土壤应进行登记，详细载明运输车辆、剥离单元、储存区或回覆区、土壤类型、质地、土壤质量状况、数量等，并建立备查档案。

表土剥离、保护如图 C.30 所示。

（a）机械剥离 （b）表土集中堆存

图 C.30 表土剥离、保护

2.1.2 表土回覆

适用阶段：施工全过程。

适用范围：施工结束后，需要进行植被建设、复耕的区域。

工艺标准：

（1）满足《生产建设项目水土保持技术标准》（GB 50433—2018）和《土地利用现状分类》（GB/T 21010—2017）的相关要求。

（2）应采用耕植土或其他满足要求的回填土，回填土中不应含有建筑垃圾等物质。

（3）回填时应封层夯实，回填土的夯实系数应达到设计要求。

（4）应保证地表平整。

（5）覆土厚度应根据土地利用方向、当地土质情况、气候条件、植物种类以及土源情况综合确定。一般情况下农业用地 300～600mm，林业用地 400～500mm，牧业用地 300～500mm。园林标准的绿化区可根据需要确定回覆表土厚度。

（6）回覆位置和方式应按照植被恢复的整地方式进行。平地剥离的表土数量足够时，一般将绿化及复耕区域全面回覆；坡地剥离的表土数量较少时，采用带状整地的可将绿化及复耕区域全面回覆，采用穴状整地的应将表土回覆于种植穴内。

（7）若剥离的表土不满足种植要求时，应外运客土回覆。

施工要点：

（1）画线。土地整治完成，回覆区确定后，应通过画线，明确回覆区范围；并根据恢复植被的种植要求和种植整地设计，划分回覆单元（条带），确定每个回覆单元的覆土范围和厚度。变电站回覆区域较大时，应划分网格，确定分区卸土的范围，各分区应明确回覆土壤的来源和数量。

（2）清障。应清除回填区域内土壤中的树根、大石块、建筑垃圾等杂物，保证回填区域地表的清洁。

（3）卸土、摊铺、平整。表土回覆应在土壤干湿条件适宜的情况下进行。应按照恢复植被的种植方向逐步后退卸土，土堆要均匀，摊铺厚度以满足设计覆土厚度为准。边卸土边摊铺，在摊铺完成后，采用荷重较低的小型机械或耙犁进行平整。当覆土厚度不满足耕作层厚度时，应用人工进行局部修复。

（4）翻耕。表土回覆后，视土壤松实程度安排土地翻耕，使土壤疏松，为植物根系生长创造良好条件。同时通过农艺措施和土壤培肥，不断提升地力，逐步达到原始地力水平。

（5）避开雨期施工，必要时在回覆区开挖临时排水沟。

表土回覆如图 C.31 所示。

2.1.3 表土铺垫保护

适用阶段：施工全过程。

图 C.31 表土回覆（机械回覆）

适用范围：由于人员走动或设备占压而对地表产生扰动的区域。

工艺标准：

（1）裸露的地表可选用彩条布铺垫在底部再集中堆存表土，减少对原地貌的扰动，堆土边沿用装入表土的植生袋进行拦挡，堆土上部用密目网苫盖避免扬尘。

（2）彩条布搭接宽度应不小于 200mm。

（3）彩条布质量应符合相关标准要求。

施工要点：

（1）彩条布铺垫前应将场地内石块清理干净。

（2）彩条布设铺设应平整，并适当留有变形余量。

（3）施工时应注意检查彩条布是否有洞或破损。

（4）彩条布应覆盖完整，并检查是否有遗漏。

（5）施工结束后及时撤离彩条布，并妥善处理，避免二次污染。

表土铺垫保护如图 C.32 所示。

2.1.4 草皮剥离、养护及回铺

适用阶段：施工全过程。

图 C.32 表土铺垫保护

适用范围：青藏高原等高寒草原草甸地区草皮的保护与利用。

工艺标准：

（1）满足《生产建设项目水土保持技术标准》（GB 50433—2018）的相关要求。

（2）应把草坪妥善保存好，尽量不要破坏根系附着土。

（3）应该定期浇水。

（4）草皮回铺时应压实，压实系数应达到设计要求。

（5）应保证地表平整。

施工要点：

（1）原生草皮剥离。按照 500mm×500mm×（200～300mm）（长×宽×厚）的尺寸规格，将原生地表植被切割剥离为立方体的草皮块，移至草皮养护点；剥离草皮时，应连同根部土壤一并剥离，尽量保证切割边缘的平整；必须在根系层以下保留 30～50mm 的裕度，以保证根系完整并与土壤良好结合，确保草皮具有足够的养分来源；草皮剥离和运输过程中，应避免过度震动而导致根部土壤脱落；此外，要对草皮下的薄层腐殖土就近集中堆放，用于后期草皮回移时的覆土需要。

（2）剥离草皮养护。草皮养护点可选择周边空地、养护架或纤维袋隔离的邻近草地上，后者的草皮厚度需控制在 4 层之内。分层堆放草皮块时，需采用表层接表层、土层接土层的方式。要注意经常洒水，以保持养护草皮处于湿润状态，并在周边设置水沟，将大雨时段的多余降水及时排走，避免草皮长期处于淹没状态而腐烂死亡。养护草皮的堆放时间不宜过长，回填完成后，应立即进行回移。

（3）草皮回移铺植。草皮回铺施工工艺应符合下列规定：

1）草皮回铺区域应回填压实，压实系数应达到设计要求。回铺前应进行土地整治，先垫铺 50～100mm 厚的腐殖土层。在腐殖土层不足的情况下，可利用草皮移植过程中废弃的草皮土。铺植时，把草皮块顺次摆放在已平整好的土地上，铺植后压平，使草皮与土壤紧接。

2）机械铲挖的草皮经堆放和运输，根系会受到一定损伤，铺植前要弃去破碎的草皮块。

3）铺植时，把草皮块顺次摆放在已平整好的土地上，铺植后压平，使草皮与土壤紧接。

4）铺植时应减少人为原因造成草皮损坏，影响成活率；同时，尽量缩小草皮块之间的缝隙，并利用脱落草皮进行补缝。

5）应尽量保证回铺草皮与周边原生草皮处于同一平面以提高成活率。

草皮剥离及养护如图 C.33 所示。草皮回铺如图 C.34 所示。

（a）草皮剥离

（b）草皮养护

图 C.33 草皮剥离及养护

图 C.34 草皮回铺

2.2 临时防护措施

目的：防护施工中的临时堆料、堆土（石、渣，含表土）、临时施工迹地等，防止降雨、风等外营力冲刷、吹蚀。

主要措施包括临时排水沟、填土编织袋（植生袋）拦挡、临时苫盖。

2.2.1 临时排水沟

适用阶段：施工全过程。

适用范围：变电（换流）站临时堆土及裸露地表产生汇水的排导。

工艺标准：

（1）工程量符合设计或实际情况。

（2）排水通畅、散水面设置符合实际要求。

施工要点：

（1）先做好临时排水沟走向设计，定位定线。

（2）挖沟前应先清障，先整理排水沟基础，铲除树木、草皮及其他杂物等；挖沟时应将表土剥离进行集中堆存，余土堆置于沟槽下坡侧，培土拍实成为土埂。

（3）挖掘沟身时须按设计断面及坡降进行整平，便于施工并保持流水顺畅。

（4）填土部分应充分压实，并预留高度 10%的沉降率。填土不得含有树根、杂草及其他腐蚀物。

（5）临时排水沟不再使用时，应将余土填入沟中，充分压实，覆盖表土，预留高度 10%的防尘层，必要时采取人工植被恢复措施。

临时排水沟如图 C.35 所示。

图 C.35 临时排水沟

2.2.2　填土编织袋（植生袋）拦挡

适用阶段：施工全过程。

适用范围：变电（换流）站临时堆土的拦挡。

工艺标准：

（1）工程措施坚持"先防护后施工"原则。

（2）坡脚处拦挡要满足堆土量的设计要求。

（3）编织袋（植生袋）宜采用可降解材料。

施工要点：

（1）一般采用编织袋或植生袋装土进行挡护，编织袋（植生袋）装土布设于堆场周边、施工边坡的下侧，其断面形式和堆高在满足自身稳定的基础上，根据堆体形态及地面坡度确定。

（2）一般采取"品"字形紧密排列的堆砌护坡方式，挡护基坑挖土，避免坡下出现不均匀沉陷，铺设厚度一般按 400～600mm，坡度不应陡于 1:1.2～1:1.5，高度宜控制在 2m 以下。

（3）编织袋（植生袋）填土交错垒叠，袋内填充物不宜过满，一般装至编织袋（植生袋）容量的 70%～80%为宜。同时，对于水蚀严重的区域，在"品"字形编织袋（植生袋）挡墙的外侧需布设临时排水设施，风蚀区则不考虑。

（4）可使用填生土编织袋或填腐殖土植生袋进行临时拦挡，宜使用填腐殖土植生袋进行永临结合拦挡，堆土一次到位，避免倒运。

（5）填生土编织袋临时拦挡时间一般不超过 3 个月，避免编织袋风化垮塌。植生袋一般采用可降解的无纺布材质，降解周期 2～3 年，强度大可重复倒运使用，夹层粘贴的草籽具备成活条件。

填土编织袋（植生袋）拦挡如图 C.36 所示。

2.2.3　临时苫盖

适用阶段：施工全阶段。

适用范围：变电（换流）站临时堆土及裸露地表的苫盖。

工艺标准：

（1）布设位置符合设计要求，覆盖边缘有效固定。

图 C.36　填土编织袋（植生袋）拦挡

（2）苫盖材料选择符合设计要求。

（3）被苫盖体无裸露。

（4）苫盖材料搭接尺寸允许偏差不小于 100mm。

（5）苫盖密实、压重可靠。

施工要点：

（1）临时苫盖材料可选择仿真草皮毯、密目网、彩条布、塑料布、土工布、钢板、棕垫、无纺布、植生毯等对堆土、裸露的施工扰动区、临时道路区、植被恢复区进行临时苫盖。

（2）变电（换流）站裸露地表可使用仿真草皮毯等临时苫盖，使用 U 形钉固定于地面，两片草皮毯接缝处应重合 50～100mm。

（3）变电（换流）站等临时堆土应使用 3000 目以上密目网临时苫盖，可使用 U 形钉固定或石块压力固定，两片密目网接缝处应重合 300～500mm。

（4）存放砂石、水泥等材料的扰动区地表可使用彩条布临时苫盖，使用 U 形钉固定于地面，两片草皮毯接缝处应重合 50～100mm。

（5）泥浆池、临时蓄水池其坑底和坑壁可使用塑料布苫盖。

（6）机械设备等施工扰动区可使用密目网、土工布、彩条布等临时苫盖。

（7）高原草甸施工扰动区、临时道路可使用棕垫苫盖减少对地表扰动和植被破坏。

（8）临时道路可使用钢板临时苫盖，降低对临时道路破坏。

（9）植被恢复区可使用无纺布、植生毯等进行临时苫盖，保存土壤水分，提高植被成活率。

（10）施工时在苫盖材料四周和顶部应放置石块、砖块、土块等重物做好固定，以保持其稳定，避免大风吹起彩条布、无纺布等降低苫盖效果或发生危险。

（11）运行中要定期检查苫盖材料的破漏情况，及时修补。

（12）极端天气前后一定要检查其完整情况。

（13）临近带电体时不宜采用密目网、彩条布等苫盖措施，防止被大风吹到带电设备上发生危险。

（14）所有苫盖用材料要做好回收利用或回收处理，避免污染环境。

临时苫盖措施如图 C.37 所示。

（a）密目网临时苫盖　　　　　　　　（b）彩条布临时苫盖

图 C.37　临时苫盖措施

2.3　边坡防护措施

目的：稳定斜坡，防治边坡风化、面层流失、边坡滑移、垮塌，首要目的是固坡，对扰动后边坡或不稳定自然边坡具有防护和稳固作用，同时兼具边坡表层治理、美化边坡等功能。

主要措施包括植物骨架护坡、生态袋绿化边坡、植草砖护坡、客土喷播绿化护坡等。

2.3.1　植物骨架护坡

适用阶段：土石方工程阶段。

适用范围：变电（换流）站开挖边坡和回填边坡的防护。

工艺标准：

（1）轴线偏差±10mm，截面尺寸偏差±5mm。

（2）满足《变电（换流）站土建工程施工质量验收规范》（Q/GDW 1183—2012）的相关要求。

施工要点：

（1）按照图纸要求，对其放样，开挖基槽。

（2）模板考虑周转次数宜采用钢模，钢模安装完毕后，涂好脱模剂，模板缝隙浇筑前一天要高一标号砂浆封闭。作业平台搭设按设计要求绑扎钢筋、支设模板并找正，对模板进行可靠固定。

（3）采用细石混凝土，现场搅拌混凝土浇制，从下向上浇制混凝土，做到振捣密实。竖向框格混凝土浇制时应减小塌落度，控制浇制时间，避免混凝土较大流动。混凝土浇筑要一个圆弧一次成型，振捣要密实，采用直径30mm的振捣棒振捣。

（4）正常气温下12h内开始浇水养护，天气炎热干燥有风时应在3h内浇水养护。混凝土浇水湿润后，采用薄膜覆盖养护。

（5）混凝土强度达到1.2MPa前，不得在其上踩踏。强度达到设计标准值50%时，方可拆模。模板拆除时要防止对混凝土的碰撞，而损坏边角。

（6）在拆模后的框格内填腐殖土，骨架内宜根据当地气候区划选择适宜草型种植，播撒草籽，喷水抚育，覆盖无纺布保墒。经常洒水保持表面湿润，常温下抚育期不得小于7d。

（7）护坡高度超过8m时，两级护坡之间需设置1.5～2m宽的分级平台。护坡应采取有组织排水，使流水汇集在骨架内，防止流水冲刷坡面。

（8）伸缩缝无设计要求，采用8～10m或两列格室间距设置，沥青麻丝嵌缝、硅酮耐候密封胶做表面填充。

植物骨架护坡如图C.38所示。

图C.38　植物骨架护坡

2.3.2　生态袋绿化边坡

适用阶段：施工全阶段。

适用范围：变电（换流）站开挖边坡和回填边坡的防护。

工艺标准：

（1）工程布置合理，符合设计或规范要求。

（2）工程结构稳定，堆放坡度较大时，有符合设计要求的钢索、加筋格栅或框格梁固定，生态袋材料符合设计要求，生态袋间缝隙用土填严。

（3）生态袋扎口带绑扎可靠，袋间连接扣连接牢固。

（4）袋内装种植土、草籽、有机肥拌和均匀，其种类和掺入量符合设计要求。

（5）封装和铺设符合设计要求。

（6）植生袋厚度不小于设计厚度的10%。

（7）边坡坡比不陡于设计坡比。

（8）密实度不小于设计值。

（9）植被成活率不小于设计植被成活率。

施工要点：

（1）分析立地条件，根据坡体的稳定程度、坡度、坡长来确定码放方式和码放高度。

（2）对坡脚基础层进行适度清理，保证基础层码放平稳。

（3）根据施工现场土壤状况，在植生袋内混入适量弃渣，实现综合利用。

（4）从坡脚开始沿坡面紧密排列生态袋堆砌，铺设厚度一般按200～400mm。植生袋有草籽面需在外面。码放中要做到错茬码放，且坡度越大，上下层植生袋叠压部分越大。

（5）生态袋之间以及植生袋与坡面之间采用种植土填实，防止变形、滑塌。

（6）生态袋袋内填充物不宜过满，一般装至植生袋容量的70%～80%为宜。施工中注意对生态袋的保管，尤其注意防潮保护，以保证种子的活性。

（7）生态袋连接扣应形成稳定的内加固紧锁结构，以增加生态袋与生态袋之间的剪切力，加强生态袋系统整体抗拉强度。

（8）施工后立即喷水，保持坡面湿润直至种子发芽。

生态袋绿化边坡如图C.39所示。

（a）施工示意图　　　　　　　　　　（b）现场实物图

图C.39　生态袋绿化边坡

2.3.3　植草砖护坡

适用阶段：施工全过程。

适用范围：变电（换流）站开挖边坡和回填边坡的防护。

工艺标准：

（1）基面基础浮土、杂物及强风化层全部清除。

（2）基面表面平整，无弹簧土、裂缝、起皮及不均匀沉降现象。

（3）外观检查无缺陷。

（4）尺寸偏差预制构件不应有影响结构性能和安装、使用功能的偏差。

（5）基面清理过程中，坡面长、宽人工施工允许偏差0～500mm，机械施工允许偏差0～

1000mm。

（6）基面边坡不陡于设计边坡。

（7）接缝凿毛处理符合设计要求。

施工要点：

（1）施工前先对边坡进行修整，清刷坡面杂质、浮土，填补坑凹，夯拍，使坡面密实、平整、稳定。

（2）测量放样要结合边坡填筑高度，直线段间隔20m、曲线段间隔10m放桩确定护坡坡率、护脚基坑开挖位置和深度。

（3）采用挂线法将边坡坡面按设计坡度刷平，坑洼不平部分填补夯实，合格后进行下道工序施工。

（4）护脚基坑开挖前用石灰撒出开挖边界，采用小型挖机配合人工进行开挖。基底设计高程以上100mm区域采用人工进行挖除。肋柱和护脚基坑按设计形式尺寸挂线放样，开挖沟槽。保证基坑开挖尺寸符合设计及相关规范要求。

（5）护坡的坡脚打桩、挂线，确定边坡混凝土预制块的坡面标高和线型。两肋柱之间坡面应自下而上铺设混凝土预制块，要求混凝土预制块组合成完整的拱形和排水沟，铺砌前，铺100mm厚砂砾反滤层，铺设时使用橡皮锤击打使预制块和坡面密贴。

（6）砌体砌筑完毕应及时覆盖，并经常洒水保持表面湿润，常温下养护期不得小于7d。

（7）植草砖内宜根据当地气候区划选择适宜草型种植。

植草砖护坡如图C.40所示。

图C.40 植草砖护坡（变电站护坡）

2.3.4 客土喷播绿化护坡

适用阶段：施工全过程。

适用范围：变电（换流）站开挖边坡和回填边坡的防护。

工艺标准：

（1）边坡坡度修正达到设计坡度，坡面无碎石、松土，无凹坑、坚凸物。

（2）挂网材料选择、施工工艺、结构尺寸符合设计要求，结构稳定，网块间搭接长度、网块与坡面间距符合设计要求，铺设平整，锚固稳定。

（3）喷播基材配置、基材厚度符合设计要求，喷施厚度均匀、完全覆盖坡面，挂网无裸露，无纺布完整覆盖。

（4）工程断面尺寸允许偏差±5%。

（5）边坡坡比不陡于设计坡比。

（6）绿化材料及成活率符合植草标准。

施工要点：

（1）边坡坡面基本平整，坡比不大于1:0.75，坡顶与自然边坡圆滑过渡。

（2）对于回填边坡，其填方土应压（夯）实，超填应削坡。

（3）边坡顶部安全包裹范围通常不得少于600mm，根据坡体的稳定性和安全性可适当加宽包裹坡头的距离。

（4）金属网铺设上下边缘整齐一致，纵向连接时，连接上下金属网的金属丝，应环环缠绕串联，不得遗漏一环。

（5）金属网横向连接时，两网重叠宽度不小于80mm。覆在上面的金属网边缘需要全部打结，不得遗漏。金属网连接处应平整，边缘无突起的网丝。

（6）锚杆前端呈切割斜面，弯头处呈"┌"形或"∩"形，弯头长度不小于30mm。使用"┌"形锚杆固定金属网时，锚杆沿网孔最上缘垂直钉入边坡，弯头朝坡头方向钉入边坡。使用"∩"形锚杆固定金属网时，锚杆开口向下沿网孔最上缘垂直钉入边坡。

（7）当同时固定两副金属网时，应将两副金属网的金属丝同时固定在锚杆的弯头内。在两副金属网搭接处，锚杆需将两副网的铁丝同时压住。在坡头包裹处固定金属网，锚杆以70°～80°角斜向钉入地面。

（8）钉入坡体的锚杆要牢固且稳定。当边坡形态起伏时，可在边坡起伏拐点处增设锚杆，以保证网体与坡体平行。边坡锚固后的金属网要松紧适度，一般在锚杆固定的中间拉起50～200mm距离者为适度。岩质边坡固定金属网，可借助电锤打眼，然后放入锚杆。

（9）沙土质边坡固定金属网，由于其松散不易固定，可用木桩钉入坡体加以固定，木桩长短根据边坡情况而定。

（10）根据边坡起伏特征试验确定均匀喷播技术方法。

（11）每条喷播后立即挂网遮阳。阴坡面挂单层遮阳网，阳坡面先铺无纺布再挂遮阳网。无纺布、遮阳网应完全牢固地覆盖边坡，喷播面不可有裸露。

客土喷播绿化护坡如图C.41所示。

（a）客土喷播作业　　　　　　　　（b）换流站大型绿化护坡

图C.41　客土喷播绿化护坡

2.4　截排水措施

目的：截水沟在坡面上修筑，为了拦截、疏导坡面径流；排水沟（管）为了排除坡面、天然沟道或地面的径流。

主要措施包括雨水排水管线、浆砌石截排水沟、混凝土截排水沟、生态截排水沟。

2.4.1　雨水排水管线

适用阶段：施工全过程。

适用范围：变电（换流）站站区汇水的排除。

工艺标准：

（1）应该满足《防洪标准》（GB 50201—2014）和《水土保持工程质量评定规程》（SL 336—2006）的要求。

（2）管道的安装应平整牢靠。

（3）管道接口应光滑平整。

（4）雨水排水管道安装完成后表面光滑。

（5）无划痕及外力冲击破坏。

（6）雨水管道安装允许偏差为每米不大于 3mm。

施工要点：

（1）排水管一般用于雨水收集与排放，采取开沟埋设方式，可采用机械开挖，清底用人工方式。根据技术交底的管道管沟开挖宽度、在测量人员测放的管沟中线两侧放开挖边线。

（2）根据土质性质，由作业人员自行选择合适的开挖工具，开挖的土方可堆置在沟槽一侧，顶部苫盖防尘网或彩条布，堆土高度不宜超过 1.5m，且距槽边缘不宜小于 800mm。

（3）开挖应严格控制基底高程，不得扰动基底原状土层。基底设计标高以上 200～300mm 的原状土，应在铺管前用人工清理至设计标高。

（4）当遇超挖或基底发生扰动时，应换填天然级配砂石料或最大粒径小于 40mm 的碎石，并应整平夯实，其压实度应达到基础层压实度要求，不得用杂土回填。当槽底遇有尖硬物体时，必须清除，并用砂石回填处理。

（5）埋设前，需对原状土地基按设计要求进行处置。对一般土质，应在管底以下原状土地基上铺垫 150mm 中粗砂基础层；对软土地基，当地基承载能力小于设计要求或由于施工降水、超挖等原因，地基原状土被扰动而影响地基承载能力时，应按设计要求对地基进行加固处理，在达到规定的地基承载能力后，再铺垫 150mm 中粗砂基础层；当沟槽底为岩石或坚硬物体时，铺垫中粗砂基础层的厚度不应小于 150mm。

（6）管道安装前，宜将管节、管件按施工方案的要求摆放，摆放的位置应便于起吊及运送。起重机下管时，起重机架设的位置不得影响沟槽边坡的稳定。

（7）管道应在沟槽地基、管基质量检验合格后安装；安装时宜自下游开始，承口应朝向施工前进的方向。

（8）管节下入沟槽时，不得与槽壁支撑及槽下的管道相互碰撞；沟内运管不得扰动原状地基。

（9）合槽施工时，应先安装埋设较深的管道，当回填土高程与邻近管道基础高程相同时，再安装相邻的管道。

（10）管道安装时，应将管节的中心及高程逐节调整工正确，安装后的管节应进行复测，合格后方可按设计要求进行管节连接施工。

（11）管道安装时，应随时清除管道内的杂物，暂时停止安装时，两端应临时封堵。

（12）雨水排水管管道安装铺设完毕后应尽快回填，在回填过程中管道下部与管底之间的间隙应填实。

（13）管道与法兰接口两侧相邻的第一至第二个刚性接口或焊接接口，待法兰螺栓紧固后方可施工。

（14）管道安装完成后，应按相关规定和设计要求设置管道位置标识。

（15）在雨季或冬季作业时，若沟槽开挖好后不能马上敷设管道或进行管施工，应先预留 100mm 厚暂不挖去，待安装施工前再清理至设计高程。

（16）管道安装铺设完毕后应尽快回填，在回填过程中管道下部与管底之间的间隙应填实。

雨水排水管线如图 C.42 所示。

（a）排水沟道 　　　　　　　　（b）雨水井

图 C.42　雨水排水管线

2.4.2　浆砌石截排水沟

适用阶段：施工全过程。

适用范围：变电（换流）站坡面来水的拦截、疏导和场内汇水的排除。

工艺标准：

（1）基础开挖定位、定线符合设计要求。

（2）基础开挖工程量应符合设计要求。

（3）砌体砌筑工程量应符合设计要求。

（4）砌石砌筑石料规格、砂浆强度符合设计要求，铺浆均匀、灌浆饱满、石块紧靠密实。

（5）沟渠坡降符合设计要求。

（6）砌体抹面均匀无裂隙。

（7）散水面符合设计和实际要求，避免冲刷边坡。

（8）基面处理方法、基础断面应符合设计要求。

（9）砌体断面尺寸应符合设计要求。

施工要点：

（1）排水沟一般采用人工开挖，排洪沟可采用机械开挖。开挖时将表土剥离集中堆存或装袋堆存，将余土运至集中堆存处按照土地整治要求处理。沟槽开挖至设计尺寸，不能扰动沟底及坡面土层，不允许超挖。开挖结束后清理沟底残土。开挖沟底顺直，平纵面形态圆顺连接，沟底顺坡平整。

（2）截排水沟采用挤浆法分层砌筑，工作层应相互错开，不得贯通，砌筑中的三角缝不得大于 20mm。在砂浆凝固前将外露缝勾好，勾缝深度不小于 20mm，若不能及时勾缝，则将砌缝砂浆刮深 20mm 为以后勾缝做准备。所有缝隙均应填满砂浆。

（3）沟底砂砾垫层摊铺厚度约 150~250mm，并进行平整压实。

（4）伸缩缝和沉降缝设在一起，缝宽 20mm，缝内填沥青麻丝。

（5）勾缝一律采用凹缝，勾缝采用的砂浆强度 M7.5，砌体勾缝嵌入砌缝 20mm 深，缝槽深度不足时应凿够深度后再勾缝。每砌好一段，待浆砌砂浆初凝后，用湿草帘覆盖，定时洒水养护，覆盖养护 7~14d。养护期间避免外力碰撞、振动或承重。

浆砌石截排水沟如图 C.43 所示。

图 C.43　浆砌石截排水沟

2.4.3　混凝土截排水沟

适用阶段：施工全过程。

适用范围：主要适用于变电（换流）站坡面来水的拦截、疏导和场内汇水的排除。

工艺标准：

（1）基础开挖定位、定线符合设计要求。

（2）基础开挖工程量应符合设计要求。

（3）砌体砌筑工程量应符合设计要求。

（4）砌石砌筑石料规格、砂浆强度符合设计要求，铺浆均匀、灌浆饱满、石块紧靠密实。

（5）沟渠坡降符合设计要求。

（6）砌体抹面均匀无裂隙。

（7）散水面符合设计和实际要求，避免冲刷边坡。

（8）基面处理方法、基础断面应符合设计要求。

（9）砌体断面尺寸应符合设计要求。

施工要点：

（1）沟槽开挖完成后，先行进行垫层混凝土浇筑。

（2）混凝土浇筑前进行支模，一般采用木模板，模板尺寸满足设计要求。混凝土浇筑达到一定强度后方可拆模，模板拆除后应及时清理表面残留物，进行清洗。

（3）混凝土捣固密实，不出现蜂窝、麻面，同时注意设置伸缩缝，伸缩缝可采用沥青木板。

图 C.44　混凝土截排水沟（变电站截排水沟）

（4）垫层及底板混凝土浇筑后立即铺设塑料薄膜对混凝土进行养护，沟壁混凝土拆模后立即用塑料薄膜将沟壁包裹好进行养护，养护时间不少于 7d。

混凝土截排水沟如图 C.44 所示。

2.4.4　生态截排水沟

适用阶段：施工全过程。

适用范围：主要适用于变电（换流）站坡面来水的拦截、疏导和场内汇水的排除。

工艺标准：

（1）沟渠的布局走向符合设计要求。

（2）沟渠的结构型式符合设计要求。

（3）沟渠表面平整，无明显凹陷和侵蚀沟，有按设计布设的生态防护工程。

（4）底宽度、深度允许偏差±5%；土沟渠边坡系数允许偏差±5%。

（5）沟渠填方段渠身土壤密实度不小于设计参数，断面尺寸不小于设计参数的±5%。

（6）沟渠表面平整度不大于 100mm。

施工要点：

（1）水沟底部防渗：用混凝土、砂浆、碎石等材料对水沟底部进行防水加固，厚度 20～50mm，碎石可铺在三维网之上。是否需要加固水沟底部，视工程实际情况（地质、土壤、纵坡等）而定。

（2）铺装三维网：沿水流方向向下平贴铺装，不得有皱纹和波纹，水沟顶端预留 200mm 用于三维网的固定，三维网底部也需固定。

（3）植生袋的铺装：按照设计尺寸分层码放植生袋，植生袋与坡面及植生袋层与层之间用锚杆固定。

（4）生态砖的铺装：码放时植草的一端向外，层与层之间用水泥砂浆黏结。在平地培育植物，待植物长到一定高度后码放生态砖效果更佳。

生态截排水沟如图 C.45 所示。

2.5　土地整治措施

目的：对因工程开挖、填筑、取料、弃渣、施工等活动破坏的土地，以及工程永久征地内的裸露土地，在植被建设、复耕之前

图 C.45　生态截排水沟

应进行平整、改造和修复，使之达到可利用状态。

主要措施包括全面整地。

2.5.1　全面整地

适用阶段：施工全过程。

适用范围：变电（换流）站围墙外扰动区等平地的耕地复耕，林草地复垦等。

工艺标准：

（1）满足《生产建设项目水土保持技术标准》（GB 50433—2018）和《土地利用现状分类》（GB/T 21010—2017）的要求。

（2）全面整地一般采用机械整地，可视整地面积、进场道路情况采用大型旋耕机和小型旋耕机。

（3）整地前应将混凝土渣、碎石等障碍物清除。

（4）整地后的地形应与耕地、水田、梯田、林草地等原地类一致。

施工要点：

（1）变电站外扰动区、施工道路等原地类为耕地时，可采用旋耕机将板结的原状土翻松，来回翻松不少于 2 次，按农作物种类选取合适翻耕深度，一般为 500mm 左右。翻松结束，使用平地机整平。自然晾晒结块的土壤松散后按照旱地、水田等不同需求起垄或造畦。

（2）采用全面整地的变电站草坪种植区、施工临时道路区，可采用旋耕机方式将表层土壤翻松，翻耕深度一般为 300mm 左右。翻耕后自然晾晒，按照草坪、草地、林地等不同需求进行造林（种草）整地。

（3）表层种植土被剥离的区域，应先将种植土摊铺，摊铺厚度应与剥离厚度相等，一般为 300～600mm。摊铺厚度超过 300mm 时，可分两层摊铺。摊铺后用旋耕机将种植土翻耕拌和。然后用平地机整平，整平后的地面应高于原始地面 100mm 左右。

全面整地如图 C.46 所示。

2.6　防风固沙措施

目的：对容易引起土地沙化、荒漠化的扰动区域进行防风固沙、涵养水分。

主要措施包括工程固沙和植物固沙。

2.6.1　工程固沙

适用阶段：施工全过程。

适用范围：变电（换流）站施工期后扰动地表沙地治理。

图 C.46　全面整地（机械平整）

工艺标准：

（1）满足《水土保持工程设计规范》（GB 51018—2014）的要求。

（2）应该形成 1.0m×1.0m 的网格。

（3）整体效果应该达到设计要求。

施工要点：

（1）草方格沙障。

1）放线开槽。依据设计规格进行放线。采用人工或机械方式开槽，槽深100mm左右。开槽时，沿沙丘等高线放线设置纬线，沿垂直等高线方向设置经线。施工时，先对经线进行施工，再对纬线进行施工。

2）材料铺放：将稻草或麦秸秆垂直平铺在样线上，组成完整闭合的方格，铺设麦草厚度约为20～30mm。

3）草方格布设：按照要求铺设好稻草（麦草）后，用方形扁铲放在稻草（麦草）中央并用力下压，使稻草（麦草）两端翘起，中间部位压入沟槽中。稻草（麦草）中间部位入沙深度约100mm，同时稻草（麦草）两端翘起部分高出地面约500mm。用沟槽两边的沙土稻草（麦草）埋住、踩实。由此完成局部草方格沙障铺设任务，依次类推，完成整个沙障施工铺设任务。

4）围栏防护。草方格沙障施工完毕，应用铁丝网围栏防护，防止稻草（麦草）被牛羊啃食破坏。

5）草方格沙障多在草、沙结合点积累土壤，风吹草籽可成活自然恢复植被，一般不需人工种植草籽。

（2）柴草（柳条）沙障。

1）平铺式柴草（柳条）沙障施工。

依据设计规格进行放线。带状平铺式沙障的走向垂直于主风带宽0.6～1.0m，带间距4～5m。将覆盖材料铺在沙丘上，厚30～50mm。上面需用枝条横压，用小木桩固定，或在铺设材料中线上铺压湿沙，铺设材料的梢端要迎风向布置。

2）直立式柴草（柳条）沙障施工。

a. 高立式：在设计好的沙障条带位上，人工挖沟深200～300mm，将柳条（杨条）切割每根700mm左右长，按放线位置插入沙中，插入深度约200mm，扶正踩实，填沙200mm，沙障材料露出地面0.5～1.0m。

b. 低立式：将低立式沙障材料按设计长度顺设计沙障条带线均匀放置线上，埋设材料的方向与带线正交，将柳条（杨条）切割每根400mm左右长，按放线位置插入沙中，插入深度约200mm，露出地面约200mm，基部培沙压实。

图C.47　柳条沙障

沙障建成后，要加强巡护，防止人畜破坏。机械沙障损坏时，应及时修复；当破损面积比例达到60%时，需重新设置沙障。重设时应充分利用原有沙障的残留效应，沙障规格可适当加大。柴草沙障应注意防火，柳条沙障应注意适时浇水。

沙障如图C.47所示。

（3）石方格沙障。

1）放线。依据设计规格进行放线。

2）带状方格平铺式沙障施工。带的走向垂直于主风带宽 0.6～1.0m，带间距 4～5m。将碎石铺在沙丘上，厚 30～50mm。覆盖材料主要为碎石、卵石等。

3）全面平铺式沙障施工。适用于小而孤立的沙丘和受流沙埋压或威胁的变电站和塔基四周。将碎石在沙丘上紧密平铺，其余要求与带状平铺式相同。

4）采用石方格沙障时，周边多为无植被地带，一般不采用植物固沙。

石方格沙障如图 C.48 所示。

2.6.2 植物固沙

适用阶段：施工全过程。

适用范围：变电（换流）站施工期后扰动地表沙地治理。

工艺标准：

（1）植物固沙一般结合工程固沙措施，利用植物根系固定地面砂砾，利用植物枝干阻挡风蚀，减缓和制止沙丘流动。主要采用种草固沙和植树固沙。

图 C.48　石方格沙障

（2）需采用植物长期固沙措施时，一般选用本地耐旱草种、树种，在草方格、柴方格沙障配合下种植。

（3）应选在雨季或雨季前进行种植，适当采取换土、浇水抚育措施。

施工要点：

（1）种草固沙施工工艺应符合下列规定：

1）草方格施工时，在纬线背风面草和槽留出间隙，将剥离或外运腐殖土、外运腐殖土填入槽内，作为种草植生基质。

2）选用芨芨草、沙打旺、草木樨等耐旱草籽形成混播配方，采取条播方式播种，覆盖腐殖土后再覆盖沙土。

3）利用自然降水抚育或浇水抚育。

（2）种树固沙施工工艺应符合下列规定：

1）低洼地带或地下水较丰富的沙地，选用耐寒、易活的红柳制作柴方格沙障。

2）将红柳根部插入沙地，适当抚育保证成活率。

3）其他不能成活的柴方格内，可挖穴换腐殖土，采取穴播方式种植樟子松、沙棘等耐旱树种。

种草固沙如图 C.49 所示。

2.7 降水蓄渗

目的：对工程建设区域内原有良好天然集

图 C.49　种草固沙

流面、增加的硬化面（坡面、地面、路面）形成的雨水径流进行收集，并用以蓄存利用或入渗调节而采取的工程措施。

主要措施（设施）包括雨水蓄水池、生态砖、透水砖、碎石压盖。

2.7.1 雨水蓄水池

适用阶段：施工全过程。

适用范围：变电（换流）站站区排水和蓄水。

工艺标准：

（1）满足《水土保持工程设计规范》（GB 51018—2014）和《防洪标准》（GB 50201—2014）的要求。

（2）池体结构及材料。蓄水池池体结构形式多为矩形或网形，池底及边墙可采用浆砌石、素混凝土或钢筋混凝土结构。浆砌石或砌砖结构的表面宜采用水泥砂浆抹面。修建在寒冷地区的蓄水池，地面以上应覆土或采取其他防冻措施。

（3）地基基础。蓄水池底板的基础不允许坐落在半岩基半软基或直接置于高差较大或破碎的岩基上，要求有足够的承载力，平整密实，否则须采用碎石（或粗砂）铺平并夯实。土基应进行翻夯处理，深度不小于400mm。

（4）蓄水池构造。池体包括池底和池墙两部分。池底多为混凝土浇筑，混凝土标号不低于C15，容积小于100m^{3}时，护底厚度宜为100～200mm；容积不小于100m^{3}时，护底厚度宜为200～300mm。池墙通常采用砖、条石、混凝土预制块浆砌，水泥砂浆抹面并进行防渗处理，池墙厚度通过结构计算确定，一般为200～500mm。当蓄水池为高位蓄水池时，出水管应高于池底300mm，以利水体自流使用，同时在池壁正常蓄水位处设溢流管。

施工要点：

（1）基础处理。施工前应首先了解地质资料和土壤的承载力，并在现场进行坑探、试验。如土基承载力不够时，应根据设计提出对地基的要求，采取加固措施，如扩大基础，换基夯实等措施。

（2）池墙砌筑。池墙采用的各种材料质量应满足有关规范要求。浆砌石应采用坐浆砌筑，不得先干砌再灌缝。池墙砌筑时要沿周边分层整体砌石，不可分段分块单独施工，以保证池墙的整体性。池墙砌筑时，要预埋（预留）进、出水管（孔），在出水管处要做好防渗处理。

图C.50　雨水蓄水池

防渗止水环要根据出水管材料或设计要求选用和施工。

（3）池墙、池底防渗。池底混凝土浇筑好后，要用清水洗净清除尘土后即可进行防渗处理，防渗措施多种多样。可采用水泥加防渗剂作为池墙和池底防渗材料，也可喷射防渗乳胶。

（4）附属设施安全施工。蓄水池的附属设施包括沉沙池、进水管、溢水管、出水管等。

雨水蓄水池如图C.50所示。

2.7.2 生态砖、透水砖

适用阶段：施工全过程。

适用范围：变电（换流）站站区排水蓄水。

工艺标准：

（1）设计标准。透水铺装地面最低设计标准为 2 年一遇 60min 暴雨不产生径流。

（2）透水铺装地面结构设计。

1）路面结构。透水人行道路面结构总厚度应满足透水、储水功能的要求。厚度计算应根据该地区的降雨强度、降雨持续时间、工程所在地的土基平均渗透系数、透水铺装地面结构层平均有效孔隙率进行计算。透水砖铺装地面结构一般由面层、找平层、基层、垫层等部分组成。

2）路面结构层材料。面层材料可选用透水砖、多孔沥青、透水水泥混凝土等透水性材料，透水铺装厚度计算应根据该地区的降雨强度、降雨持续时间、工程所在地的土基平均渗透系数、透水铺装地面结构层平均有效孔隙率进行计算，应同时满足相应的承载力、抗冻胀等。

找平层可以采用干砂或透水干硬性水泥中砂、粗砂等，其渗透系数应大于面层渗透系数，厚度宜为 20～50mm。

基层应选用具有足够强度、透水性能良好、水稳定性好的材料，推荐采用级配碎石、透水水泥混凝土、透水水泥稳定碎石基层，其中级配碎石基层适用于土质均匀、承载能力较好的土基，透水水泥混凝土、透水水泥稳定碎石基层适用于一般土基。设计时基层厚度不宜小于 150mm。

垫层材料宜采用透水性能较好的中砂或粗砂，其渗透系数应大于面层渗透系数，厚度宜为 40～50mm。

施工要点：

（1）面层开挖施工要点。

1）透水性地面铺设的施工工序为：面层开挖、基层铺设、透水垫层施工、找平层铺设、透水面层施工、清扫整理、渗透能力确认。

2）基础开挖应达到设计深度，并将原土层夯实，基层纵坡、横坡和边线应符合设计要求。

3）透水垫层采用连续级配砂砾料垫层、单级配砾石垫层等透水性材料。连续级配砂砾料垫层粒径 5～40mm，无粗细颗粒分离现象，碾压压实，压实系数应大于 65%；单级配砾石垫层粒径 5～10mm，含泥量不应大于 2%，泥块不大于 0.7%，针片状颗粒含量不大于 2%，夯实后现场干密度应大于最大干密度的 90%。

4）找平层宜采用粗砂、细石、细石透水混凝土等材料。粗砂细度模数宜大于 2.6，细石粒径为 3～5mm；单级配时粒径 1mm 以下颗粒体积比含量不大于 35%；细石透水混凝土宜采用粒径为 3～5mm 的石子或粗砂，其中含泥量不大于 1%，泥块不大于 0.5%，针片状颗粒含量不大于 10%。

（2）铺装施工工艺。

1）透水面砖抗压强度应大于 35MPa，抗折强度应大于 3.2MPa，渗透系数应大于 0.1mm/s，磨坑长度不应大于 35mm。在北方有冰冻地区，冻融循环试验应符合相关标准的规定；铺砖时应用橡胶锤敲打稳定，但不得损伤砖边角，铺砖平整度允许偏差不大于 5mm，铺砖后养护期不得少于 3d。

图 C.51 生态砖、透水砖

2）透水碎石压盖。使用直径 30～50mm 的碎石在裸露地表进行覆盖，防止风吹落地的林草种子落地生长；再铺设 80～100mm 厚的碎石进行压盖。

3）透水混凝土应有较强的透水性，孔隙率不应小于 20%；每隔 30～40m^2 设一接缝，养护后灌注接缝材料。

生态砖、透水砖如图 C.51 所示。

2.7.3 碎石覆盖

适用阶段：施工全过程。

适用范围：变电站（换流站）站区排水蓄水。

工艺标准：

（1）满足《水土保持工程设计规范》（GB 51018—2014）的要求。

（2）碎石覆盖地基稳定且已夯实、平整。

（3）碎石表层应密实、上表面应平整。

施工要点：

碎石压盖是用直径 30～50mm 的碎石在裸露地表进行覆盖。覆盖前，先对地表进行平整、压实，平整地面坡度小于 1°～2°。再铺设 10～20mm 的石灰粉（适用于变电站），防止风吹落地的林草种子落地生长；再铺设 80～100mm 厚的碎石进行压盖。

碎石覆盖如图 C.52 所示。

2.8 植被恢复措施

目的：通过林草植被对地面的覆盖保护作用、对降雨的再分配作用、对土壤的改良作用以及植被根系对土壤的强大固结作用来防治水土流失。

主要措施包括造林（种草）整地、造林、种草。

图 C.52 碎石覆盖

2.8.1 造林（种草）整地

适用阶段：施工全过程。

适用范围：变电（换流）站施工期后扰动地表植被恢复前的整地。

工艺标准：

（1）造林（种草）整地的方式应结合地貌、地形确定，应做到保墒、减小雨水冲刷和土壤流失、利于植被成活。

（2）造林（种草）的整地方式包括全面整地和局部整地等方式。

局部整地包括阶梯式整地、条状整地、穴状整地、鱼鳞坑整地等。条状整地、穴状整地可用于条播、穴播种草，开槽、挖穴后填入表土，播撒草籽后覆盖表土压实。穴状整地、鱼鳞坑整地可用于造林，挖穴后填入表土，植入树木、灌木。阶梯式整地，一般用于撒播种草，翻松、耙平表土后撒播草籽，再覆盖表土后略微压实，也可在整地基础上，挖穴进行造林。

（3）原地类为耕地的，整地方式一般为全面整地，对表层土壤采取翻耕达到农作物生长条件；原地类为草地的，整地方式一般为全面整地或局部整地，坡地的局部整地可条状整地和穴状整地；原地类为林地的，整地方式一般为局部整体，可采取穴状整地。

施工要点：

（1）全面整地施工工艺应符合下列规定：

1）扰动区等处于耕地时，可采用机械翻耕全面整地。翻耕深度一般为 200～250mm，按农作物种类选取合适深度。

2）采用全面整地的变电站草坪种植区、施工临时道路区，可采用机械方式将表层土壤翻松，翻耕深度 100～200mm。

3）采用带状整地的区域，可采用人工方式整地，用钉耙将表层土壤翻松，翻耕深度可 50～100mm。翻松及耙平表土后撒播草籽，在覆盖表土后略微压实。

（2）局部整地施工工艺应符合下列规定：

1）穴状整地。适用于低山丘陵区、丘陵浅山区。根据乔木、灌木等树种不同挖穴深度 300～500mm，直径 0.5～1m，乔木株距 2～4m，灌木株距 0.5～1m，沿等高线，上下坑穴呈品字形排列。挖树坑四周要垂直向下，直到预定深度，不要挖成上面大、下面小的锅底形。表层腐殖土收集装袋或铺垫堆存于上坡位，生土置于下坡边沿，拍实形成圆形土埂；表土回填于槽内作为植物生长基质，回填土低于天然地面。

2）鱼鳞坑整地。15°～45°的坡地可采取鱼鳞坑整地，适用于石质山地、黄土丘陵沟壑区坡面。沿坡地等高线定点挖穴，穴间距 2～4m，穴长径 0.8～1.2m，短径 0.5～1m，深度 300～500mm。鱼鳞坑土埂高 150～200mm，表层腐殖土收集装袋或铺垫堆存于上坡位，生土置于穴下坡边沿，拍实形成半月形土埂；表土回填于槽内作为植物生长基质，回填土的上坡坑内留出蓄水沟。

3）水平沟整地。沿等高线带状挖掘灌木种植沟。适用于土石山区、黄土丘陵沟壑区坡度小于 30°边坡坡面。沟呈连续短带状（沟间每隔一定距离筑有横埂），或间隔带状。断面一般呈梯形，上口宽 0.5～1m，沟底宽约 0.3m，沟深 0.3～0.5m，沟长 2～6m，两沟距 2～2.5m，沟外侧用心土筑埂，表土回填于槽内作为植物生长基质。

4）阶梯式整地。通常结合山丘区的高低腿高差进行整地，沿等高线里切外垫，做成阶面水平或稍向内倾斜的反坡，阶宽通常为 1.0～1.5m，阶长视地形而定，阶外缘培修 20cm 高的土埂，上下阶面高差 1～2m，坡度小于 35°。

5）条状整地。5°～15°的坡地可采取条状整地，沿坡地等高线画线开槽，开槽宽度 80～120mm、深度 60～120mm、行距 200～400mm。表层腐殖土收集装袋或铺垫堆存，生土置于沟槽下坡边沿，拍实形成土埂；表土回填于槽内作为植物生长基质。

鱼鳞坑造林（种草）整地如图 C.53 所示。

（a）鱼鳞坑造林（种草）整地示意图　　（b）鱼鳞坑整地实物图

图 C.53　鱼鳞坑造林（种草）整地

2.8.2　造林

适用阶段：施工全过程。

适用范围：变电（换流）站施工期后扰动地表植被恢复。

工艺标准：

（1）满足《造林技术规程》（GB/T 15776—2023）的要求。

（2）树种应选择当地耐旱、易成活树种，苗木规格可选用幼苗，质量等级二级以上（苗木等级划分中根据苗木地径和苗高等几个质量标准将苗木分为三级，一、二级苗为合格苗，可出圃造林），宜在当地苗圃购买，并要有"一签、三证"，并根系完好，树种及密度符合设计要求，苗木应栽正踩实。

（3）苗木采购、运输、栽植中要做到起苗不伤根、运苗不漏根（防止风吹日晒）、清水催根（栽前放在清水中浸泡 2～3d）、栽苗不窝根，分层填土踩实，要求幼苗成活率达到 85% 以上。

（4）年均降水量大于 400mm 地区或灌溉造林，造林成活率不应小于 85%；年均降水量小于 400mm 地区，造林成活率不应小于 70%。

（5）郁闭度要达到设计要求。

施工要点：

（1）变电站绿化区、施工临时道路可种植乔木造林；原地貌为林地的宜种植灌木造林。降水量大于 400mm 的区域，可种植乔木；降水量为 250～400mm 的区域，应以灌木为主；降水量在 250mm 以下的区域，应以封禁为主并辅以人工抚育。

（2）树种应选择当地耐旱、易成活树种，郁闭度要达到设计要求。苗木规格可选用幼苗，质量等级二级以上（苗木等级划分中根据苗木地径和苗高等几个质量标准将苗木分为三级，一、二级苗为合格苗，可出圃造林），宜在当地苗圃购买，并要有"一签、三证"并根系完好，树种及密度符合设计要求，苗木应栽正踩实。

（3）苗木采购、运输、栽植中要做到起苗不伤根、运苗不漏根（防止风吹日晒）、清水催根（栽前放在清水中浸泡 2～3d）、栽苗不窝根。分层填土踩实，要求幼苗成活率达到 85%

以上。

（4）通常选择春季造林，适宜我国大部分地区。春季造林应根据树种的物候期和土壤解冻情况适时安排造林，一般在树木发芽前 7～10d 完成。南方造林，土壤墒情好时应尽早进行；北方造林，土壤解冻到栽植深度时抓紧造林。

（5）种植乔木、灌木施工工艺应符合下列规定：

1）无土球树木种植。可采用"三埋两踩一提苗"种植方法：先往树坑里埋添一些细碎壤土（一埋），放入树苗，再埋添一些土壤（二埋），土量要没过树根，然后上提一下苗木（一提苗），使树根舒展开来，保持树的原深度线和地面相平，踩实土壤（一踩），再埋入土壤至和地面相平（三埋），踩实（二踩）。

2）带土球树木种植。先埋添少量细碎壤土，放入土球，土球上部略低于地面即可，然后埋土，边埋边捣实土球四周缝隙，注意不要弄碎土球。

3）制作围堰。树栽好以后，在贴近树坑四周修一条高 200～400mm 的围堰，边培土边拍实。

4）立支架。变电站种植大树或常绿树，要设立支架，防止新栽树倒伏。较小的树一根木棍即可，大树要三根木棍 120°角支撑。木棍下方要埋入土中固定。

5）浇水。围堰修好后即可浇水，往围堰中先加入水，待水渗下后，对歪斜树扶正填实，二次把水加满围堰即可。降水量在 250mm 以下区域，应在围堰范围采取覆盖塑料薄膜减少蒸发、定期浇水等人工抚育措施。

种植乔木、灌木如图 C.54 所示。

2.8.3 种草

适用阶段：施工全阶段。

适用范围：变电（换流）站施工期后扰动地表植被恢复。

工艺标准：

（1）草籽宜选用当地草种，应采取 2～3 种多年生草种混播。小于 250mm 降水量区域，应采取多种草籽的混播配方保证群落配置和覆盖度。

图 C.54　种植乔木、灌木

（2）草籽质量等级标准应为一级，播种密度应符合设计要求。

（3）平地可采取撒播种草，坡地可采取条播种草和穴播种草。播种深度和覆土厚度应适宜，播后需镇压。

（4）高原草甸可将剥离的草皮回铺，变电站也可采用草皮回铺恢复植被。

（5）覆盖度要达到设计要求。

施工要点：

（1）适用于平地或坡度小于 15°的缓坡。

（2）对施工场地翻耕松土、进行平整和坡面整修。

（3）人工种子提前浸泡 8h 以上，播撒草种，覆盖熟土、耙平后适当拍压。

（4）铺设无纺布保持水分（雨季无需覆盖）。

（5）采用人工浇水，开展苗期养护。

（6）旱季节播种时，土面需要提前浇水再撒播，采用喷灌抚育或滴灌抚育方式。

（7）播种草籽施工工艺应符合下列规定：

1）撒播种草。将混播草种拌和均匀，大范围手工或机械施撒草种于耙松的腐殖土内，施撒量要满足设计要求；耙平土壤保证草种覆土约10mm，用竹笤帚适当拍压。

2）条播种草。将混播草种拌和均匀，手工施撒草种于沟槽内耙松的腐殖土（或植生基质）内，施撒量要满足设计要求；覆盖土壤保证草种覆土约10mm，适当踩压。

3）穴播种草。将混播草种拌和均匀，手工施撒草种于穴内耙松的腐殖土（或植生基质）内，施撒量要满足设计要求；覆盖土壤保证草种覆土约10mm，适当镇压。

4）保墒措施。蒸发量较大区域，可铺设无纺布、椰丝毯或生态毯对播种区覆盖，紧贴坡面及种植沟形成集水凹区，用石块压实保墒。

5）浇水抚育。播种后浇水抚育一次，之后可利用自然降水抚育。未到降水期时，可灌溉2～3次，以满足草籽初期生长需要，灌溉时间不宜超过5d。干旱季节播种时，土面需要提前浇水，再撒播，可采用喷灌方式。

6）如果成活率较低要及时补植。

种草如图C.55所示。

（a）机械翻耕松土

（b）人工播撒草籽

（c）混播草种恢复效果

图C.55 种草